玩轉 AI 新視界

文案‧繪圖‧簡報‧社群自動化經營全能實戰

玩轉 AI 新視界｜文案、繪圖、簡報、社群自動化經營全能實戰

作　　者：潘慕平
企劃編輯：江佳慧
文字編輯：江雅鈴
設計裝幀：張寶莉
發 行 人：廖文良

發 行 所：碁峰資訊股份有限公司
地　　址：台北市南港區三重路 66 號 7 樓之 6
電　　話：(02)2788-2408
傳　　真：(02)8192-4433
網　　站：www.gotop.com.tw
書　　號：ACV047100
版　　次：2024 年 10 月初版
建議售價：NT$520

國家圖書館出版品預行編目資料

玩轉 AI 新視界：文案、繪圖、簡報、社群自動化經營全能實戰
　/ 潘慕平著. -- 初版. -- 臺北市：碁峰資訊, 2024.10
　　面；　公分
　　ISBN 978-626-324-865-6(平裝)
　　1.CST：數位媒體　2.CST：人工智慧
312.83　　　　　　　　　　　　　　　113010438

" 一切良善的施予和完美的恩賜 **"**
都是從眾光之父那裏來的

—— 雅各書 1:17 ——

感謝上帝、雪花、姊姊、阿姨
教會姊妹弟兄的陪伴與代禱
謹將本書獻給所有想探索 AI 新視界的讀者

推薦序

從個人電腦普及到生成式 AI 橫空出世

在過去近半個世紀裡，我有幸見證並參與了五個決定性的科技典範移轉（Paradigm Shift）。從 1980 年代個人電腦的普及，就讀台中一中時接觸到人生第一台電腦，用來玩十項全能電玩和寫簡單的小程式，而大學時的 1990 年代的網際網路興起，Google、Facebook、Amazon 都是碩士論文的熱門主題，並興起網路創業的熱潮（當時熱門新創資迅人和龍捲風科技都是江炯聰老師指導的同門師兄），1999 年退伍後進入蕃薯藤，規劃第一代的電商（賣蕃天），但隨之而來 2000 年網路泡沫之後，Web 2.0 開始興起，還有 2010 年的 O2O 到 OMO 的通路革命（當時我也在網路創業，創辦了童書城 iSpark，之後並受邀到 17Life 擔任營運長，結識當時的設計總監 Cunnie），到 2020 年代生成式人工智慧（GenAI）的橫空出世，每一個科技浪潮都在重新塑造我們的工作與生活方式，開創新的可能。在此背景下，我對 Cunnie 的新作感到格外期待，這本書不僅深入解析當前的 AI 技術趨勢，更提供了實際操作的工具和策略，使其成為一本極具啟發性和實用性的作品。

本書以結構化和深入淺出的方式介紹了 AI 的基礎知識和應用實例，使讀者能夠不僅理解 AI 技術的工作原理，還能學會如何在日常業務中實際應用。從自動化社交媒體管理到優化客戶服務，Cunnie 提供的策略都是建立在她豐富的行業經驗和對市場需求深刻的洞察上。

　　作為愛比科技的總經理，我特別重視生成式 AI 技術在企業和專業領域 AI 會議記錄和即時翻譯領域的應用，結合 IPEVO 原本在設計思考的文化設計出來的軟硬整合產品，有新一波破壞式創新的機會（如：超級 AI 祕書、語言學習的 AI 家教、即時口譯和大型展會多國同步翻譯系統）進一步幫更多專業人士將 AI 握在手中，馬上就可以運用 AI 來幫牙醫成為行醫紀錄器，或是律師的法務小幫手，還有記者的 AI 超級助理。我們的產品 Vurbo.ai 正是基於這樣的技術創新，旨在打破語言障礙，促進全球溝通。Cunnie 在書中對生成式 AI 的探討，對我們這樣的技術實踐者提供了新的視角和啟發。

　　本書不僅是技術專家和 AI 應用開發者的寶貴資源，任何對 AI 感興趣的業界人士和普通讀者而言，都是能提供深入見解和操作建議的指南。Cunnie 原本天生的美感，優雅的氣質還有超強的溝通能力將複雜技術概念轉化為易於理解的語言，以實際案例將其生動展現，使得這本書成為值得一讀的作品。

　　身為一名長期從事科技創新、親眼見證參與過數十年科技發展的專業人士，我強烈推薦本書給希望掌握 AI 核心技術並應用於解決實際問題的讀者。這本書將是你理解和應用 AI 的重要工具，無論是提升個人技能還是推動企業創新；仍需提醒，AI 還不會直接大規模取代人力，而是那些能迅速學會運用 AI 的人才或公司，將越來越多的任務交由 AI 執行，間接使許多工作和職位消失。矽谷前陣子的科技大廠裁員就是明證。唯有不斷快速學習 AI 並將其融入工作和生活，不但不用擔心工作被取代，反而會因此受益。

李信宜 Aaron Lee
愛比科技總經理

推薦序
巧用智能工具 擁抱 AI 時代

　　今天的商場競爭激烈，有如戰場。職場能力培訓，有如練兵，對於企業和在職人士都非常重要。北宋全盛時期著名的武經書對於治兵如此說：「古稱：「工欲善其事，必先利其器。」蓋士卒猶工也，兵械猶器也。器利而工善，兵精而事強，勢則然矣。」相同的道理依然適用於對於今天的職場。

　　對於我們每一位在職場打拼的弟兄姊妹來說，能夠善用和掌握最新的科技工具，是我們核心競爭力成長的一個關鍵。

　　隨著 2022 年 ChatGPT 的問世，我們正式進入生成式智能時代。經過人工智能，模型轉換和大語言模型已經有了多年的研究，OpenAI 開發的第一代基於基礎模型開發的 ChatGPT 正式開始將人工智能深度植入我們日常生活和工作的應用中。

　　隨著更多智能大模型的出現和演進，例如 llama2/3、Gemin、Gpt3/4 等，這些智能已經快速成為新一代應用和核心引擎，帶來人工服務自動化，文本和代碼智能分析和生成，以及多媒體的高效合成與創作。這些快速迭代的應用，在給我們帶來方便和樂趣的同時，也為當代企業效益提升和流程改善的重要工具。無論在電腦或是智慧型手機，或是各類互聯物聯網平台上，工具的智能化都把我們快速帶進下一代產業革命。

對於企業員工來說，只有真正掌握了使用基於 AI 的工具，才能適應這個新的競爭趨勢，有效地為企業也為自己的工作帶來積極的成長。

由於智能應用快速發展，種類繁多，有時不免眼花撩亂。要能夠迅速有效地學習和找到應用的核心，需要有清楚明瞭的引導結合實際的操作訓練。本書正是這樣的一本實用的導讀書，可以幫助讀者在生成式 AI 應用可以明確理解和快速上手。

作者從當代最新常用的語言和繪圖大模型的理解和比較開始，以輕快易懂的描述將讀者帶入到各種日常應用的實踐中，並提供跨越不同操作系統和應用平台上的實戰演習。書中也有各種操作範例和使用竅門，給初期智能應用的使用和開發也提供了一個高效集成的知識庫。

期望本書給職場人士和廣大讀者帶來 AI 時代的眼光和技能的提升，擁抱新時代的來臨，成為業界變革的贏家乃至推動者。

范明熙 博士

★ 目前於聯發科技擔任無線通信技術和系統設計本部總經理，負責無線產品核心通信技術研發和標準化工作。

★ 自麻省理工學院畢業後，投身於通信研發 20 多年，擁有上百項專利。

★ 台中蒙福之家教會的長老，在職場和翻譯事工領域服事社區。

推薦序
善用 **AI** 破浪 **暢行**

　　自媒體的特色是經營者與粉絲之間的深度互動性,以提升社群黏著度並拓展新客源。而其挑戰是人工作業難以應付大量的回應需求,高聲量帶來的沉重回覆負擔常使經營者疲於奔命。這同時也衍生了另一個挑戰,就是維持高品質的內容,避免機械式的文句與呆板的介面。

　　應用 AI 可以解決上述問題,大幅降低經營者的負擔。本書作者以豐富的實務經驗,深入淺出介紹實用的 AI 工具與網路資源,輔以多元的實例,一步步引導讀者進行範例式學習(Learning by Examples)。整個過程是以軟體互通性(Interoperability)的概念將生成式 AI(Generative AI)、應用程式(App)及線上資源連結起來,協同完成自媒體的智慧型自動化作業與高品質內容。

　　善用 AI 使人乘風破浪於 AI 浪潮之上,讓工作在彈指間輕快完成。

蔡興國

★ 學歷 —— 美國俄亥俄大學電機工程博士。

★ 經歷 —— 中國醫藥大學資訊中心主任、中國醫藥大學醫務管理系副教授。

★ 專長 —— 機器學習、資料探勘、醫療資訊。

推薦序
AI 應用指南從 零開始到精通

　　在數位化和自動化快速發展的時代，本書無疑是對 AI 充滿好奇和熱情的人不可錯過的寶典。作者以豐富的經驗和深厚專業知識，為讀者提供完整的學習路徑，從基礎概念到高級應用，讓每個人都能輕鬆上手。

　　書中內容豐富且實用，涵蓋了多個應用工具，並提供了自動化實例，幫助讀者快速掌握各種 AI 技術，提升工作效率和創造力。作者不僅僅停留在理論層面，而是通過具體的實戰案例，帶領讀者一步一步地實現 AI 應用的自動化，解放雙手，提升效能。

　　無論你是 AI 領域的新手，還是希望在工作中運用 AI 技術的專業人士，這本書都能提供你所需的知識和技能。跟隨作者的腳步，你將發現 AI 世界的無限可能，並能將其應用到日常生活和工作中，實現真正的智能化和自動化。誠摯推薦這本書給所有希望在 AI 時代中脫穎而出的讀者。

呂信偉 Tony

★ GLAI 匯流學院創辦人、Good TV、東海 EMBA 及 CBMC AI 應用教練。

★ 專注於 AI 技術在教育及商業實戰領域的應用，並致力於推廣 AI 應用全民普及化。

作者序
一個 **貓奴的 AI** 奇幻旅程

　　我有一隻 IG 粉絲破萬的國際網紅貓，每天要幫她回覆雪片般的英文留言，於是萌生了讓 AI 自動回留言的想法，完成第一個實作應用後，開始思考如何將這些有趣的工具分享給更多經營自媒體的人。

　　寫這本書最有趣的部分，就是像解謎一樣規劃實作範例，我不想寫一本空泛的 AI 理論或刻板指令書，而是希望幫助每一位讀者獲得自製 AI 小幫手的能力，因為 AI 之所以吸引人，就是在於它千變萬化的靈活應用。

潘慕平 Cunnie

★ 職涯經歷 ── 社群行銷領域暢銷作家、行銷公司設計長、科技及電商公司設計總監、影音串流公司產品總監、大學推廣教育中心講師。

★ 出版著作 ── Facebook 非賺不可、部落格達人變裝秀。

貓奴限定社群影音
instagram.com/snowflake.pan
youtube.com/@SnowflakePan

適合對象

1. 擁有一顆想學 AI 的心。

2. 希望自動化管理各種工具。

3. 需要專人帶看英文 AI 平台。

4. 想零花費雇用 AI 行銷寫手。

5. 期待讓 AI 圖片衝擊想像力極限。

準備工作

1. 連上網路的電腦。

2. 將 Chrome 瀏覽器更新到最新版本。

3. 1-2 個 Gmail 信箱。

應用工具

1. 可免費試用。

2. 不用綁信用卡。

3. 不需要安裝軟體。

關於本書

人人都能客製的 **AI** 小幫手

受夠了 ChatGPT 口頭禪式、內容空洞的文案？厭倦不夠擬真的 AI 圖？Google Custom Search 和 Gemini 讓您言之有物，Stability AI 和 Replicate 的各種模型顛覆 AI 影音的想像。

使用 AI 不再是複製貼上，透過 Make 串接 API，讓社群經營流程自動化，光速生成圖文並茂的貼文、回覆 IG 留言、製作精美簡報，無程式基礎也能輕鬆體驗；透過 Line@ 頻道一站式串接各種文案及圖像生成引擎，錄音文字互轉也都瞬間達陣，令自媒體創作簡單有趣。

本書齊集豐富的 AI 文案、AI 繪圖、圖像化程式串接知識，包含 8 個可免費試用的 AI 平台、20 個應用工具、25 個自動化實例，不藏私地用最淺顯易懂的方式傾囊相授 AI 最精彩的自動化實務應用。

AI 教學分享聯繫
instagram.com/ai.lesson.ig
facebook.com/ai.lesson

關於 AI 生成

免責聲明及注意事項

1. 本書由 AI 生成之圖片、文案及指令均為 AI 模型隨機演算而成,非經自然人製作,純為介紹相關技術所需,絕無任何侵權意圖或行為,特此聲明。

2. 讀者在使用本書指令範例數值時,謹供測試練習使用,如有公開商用之需求,請勿使用任何有版權之範例數值 (如:動畫或電影製作公司名稱)。

3. AI 生成之圖像和文案若未涉及版權疑慮均可用於商業用途,但鑒於非由自然人所製作,無法受著作權法保障。

資源下載
一起輕鬆學習 AI 應用

於雲端提供書中相關檔案，所包含的類型如下：

1. **教學影片** ── 精選章節教學影片。

2. **文字文件** ── 按頁碼列出可直接複製的網址、指令、程式碼範例。

3. **Blueprint** ── 25 個「Part 2 AI 自動化應用實戰」中 Make.com 的範例。

   匯入 Blueprint 範例步驟：

1. 登入 Make.com。

2. 左側選單 > Scenarios > Create a new Scenario 建立新場景。

3. 底端選單 > More > Import Blueprint > 匯入範例檔案 > Save。

4. 連結帳號（如：Instagram for Business ─ Watch Events）及你的輸入 API Key（如：HTTP ─ Make a Request）。

5. 保存後，會直接獲得串接好的場景。

本書相關資源請至 http://books.gotop.com.tw/download/ACV047100 下載。雲端檔案僅供讀者參考，受著作權法保護，請勿重製、轉載、散布、印刷。

雲端檔案及範例影片
books.gotop.com.tw/download/
ACV047100
youtube.com/@AI.Lesson

目錄

PART 1 免費試用資源介紹

1 CHAPTER 文案生成對話工具 2

1-1 Gemini

PART 2　自動化應用實戰

3 IG 社群小編　146
CHAPTER

3-1　生動的留言回覆

AI 多樣又親切的問候 148

3-2 光速主題貼文

透過關鍵字產生 AI 圖文 170

3-3 進擊的社群品牌

預檢預排全自動熱門貼文 186

4 Line@ 創作達人 204

CHAPTER

4-1 Line 搭起 AI 的橋樑

文字語音輕鬆轉轉轉............................. 206

LINE

4-2 獨一無二的知識庫

跟言之無物的 AI 說再見 220

4-3 傳訊息給繪圖高手

5 Slides 線上導遊   246

CHAPTER

5-1 最新氣象旅遊指南

PART 1

免費試用資源介紹

CHAPTER 1

文案生成對話工具

不是只有
ChatGPT

對話工具三巨頭

　　Gemini、ChatGPT 及 Copilot 三者都擁有
後盾強大的富爸爸，分屬於 Google、OpenAI
和 Microsoft，這三個語言模型中沒有絕對完美
的選擇，想要豐富的資料就問 Gemini，多元的
應用找 ChatGPT，Copilot 則是撰寫程式的最佳
夥伴。

　　建議初期可嘗試從三種不同角度得到互為對
照的答案，以避免盲點和錯誤，再根據不同需求
選用適合的對話工具。

究極評測
AI 語言模型 比較表

本書選擇各模型、引擎和平台的原則如下：

1. **易用性** —— 可免費使用或試用，且不需在試用期間綁定信用卡，無須安裝軟體就能從瀏覽器體驗。

2. **穩定性** —— 有較具規模的開發團隊或好評作為背景依據，以確保學習的是能夠長期使用的服務。

3. **應用性** —— 標準為具備可串接的 API，API 可視為和其他工具介接的橋梁（如：Instagram、Line 等），如果沒有 API，就只能限制在複製貼上、無法自動化。

Gemini、ChatGPT 和 Copilot 都有免費的對話介面，只需要註冊就能使用，其中，Gemini 和 ChatGPT 有提供 API 串接功能。

▌**表 1-1 免費版本比較表**

免費版本	Gemini	ChatGPT	Copilot
研發團隊	Google	OpenAI	Microsoft
語言模型	Gemini 1.5 Pro	GPT-4o / GPT-3.5	GPT-4o
圖像模型	無	無	DALL・E 3
回應特色	豐富資料	逼真對話	程式開發

Gemini 能取用最豐富的 Google 搜尋資料庫,並透過「搜尋驗證」檢核資料的正確性,中文詞彙上也有很好的表現,較遺憾的是目前暫時關閉了圖像生成功能;其 API 測試環境 Google AI Studio 每分鐘頻率限制是 ChatGPT 的 5 倍,並於 2024 年加入了能串聯 Gmail、Google 文件、雲端硬碟、地圖、航班、飯店的「擴充功能」,雖然進入市場速度較慢,但前景一片看好。

ChatGPT 介面的使用體驗不如 Google 和 Microsoft 豐富多樣,知識庫更因為沒有串接網路資料,顯得回應缺乏即時資料;不過,在 GPT-4o 加入免費方案後,更新了這場戰役,雖然每天只提供一定的使用量,但其高效能的回應、可經由「附加檔案」上傳圖片等優勢,讓 ChatGPT 對話能力煥然一新。

Copilot 是基於 GPT-4o 微調的語言模型,導入 Bing 的搜尋資料庫,有交談樣式、筆記本、小幫手等多種不同用法,還能生成圖像,「外掛程式」還可取用搜尋、電話、購物等外部資料庫,是 ChatGPT 的豪華升級版。

▌**表 1-2 對話介面比較表**

對話介面	Gemini	ChatGPT	Copilot
語音輸入	✔	✘	✔
圖片輸入	✔	GPT-4o	✔
圖片生成	✘	✘	✔
網路資料	✔	✘	✔
表格匯出	✔	✘	✔
獨特功能	擴充功能	附加檔案	外掛程式

表 1-3 文字回應比較表

文字回應	Gemini	ChatGPT	Copilot
附帶連結	常提供無效網址		🏆
正確性	搜尋查證		🏆
豐富度	🏆		常找不到資料
穩定度	🏆	🏆	
回應速度		🏆	

表 1-4 API 試用比較表

API 試用	Gemini	OpenAI（ChatGPT）
免綁卡	個人帳戶	✔
額度上限	✖	USD $5
頻率限制	15 / 分	3 / 分
語言模型	Gemini	GPT-3.5
中文生成	2 字 / token	2 字 / token
圖片生成	✖	DALL · E 2
圖片解析	✔	✖
語音生成	需綁卡	✔
語音解析	✔	✔
影片解析	✔	✖
檔案解析	✔	✖

以下是「以美食雜誌角度用 60 字文案簡介 2024 年 3 月新入選臺灣米其林指南的餐廳」指令在三個模型生成的回應範例，Copilot 可預先選擇用「富有創意」、「適中」或「精確」的交談樣式回應：

> ## ChatGPT

3 月新鮮出爐！ 2024 年台灣米其林指南新晉餐廳。匠心烹飪融合當地風味，散發獨特魅力。精緻料理與極致服務，展現飲食新境界。

> ## Copilot 富有創意

台灣米其林指南 2024 年 3 月新星，展現創意與傳統交融。特色餐廳融合川菜、台菜，以及數十年經驗的鵝肉料理，呈現台灣美食的豐富多樣性。

> ## Copilot 精確

2024 年 3 月，台灣米其林指南新增六家餐廳，從川菜、台灣家常菜到自創菜的特色餐廳，展現台灣美食的豐富多元與創新能力。

❝ Copilot 適中

2024 年三月，台灣米其林指南再度為美食愛好者帶來驚喜，新增了六家位於台中、台南與高雄的餐廳。這些餐廳的菜色多元，從川菜、台灣家常菜到自創菜的特色餐廳、揉合西式技法的台菜風味，以及累積數十年經驗的鵝肉料理等，都展現了台灣美食的豐富多元與創新能力。❞

❝ Gemini

2024 年 3 月，米其林指南公布最新名單：
台中：阿禧師、卉寓
台南：Hara Peko、溫爸鵝肉
高雄：天廚、三餐暖食
6 家餐廳，各具特色，值得品嚐！❞

依實測結果，ChatGPT 的文筆較佳，但內容空泛；Gemini 所提供的資料包含餐廳名稱，最豐富完整，但傾向列點式呈現、不夠流暢。

Copilot 和 Gemini 在字數掌握上較差，需多次強調「60 字內」的指令重新生成才能符合標準，Copilot 的「適中」交談樣式更是傾向長篇回應，無論重複嘗試幾次都會超過字數。

AI 文案優點

1. **釋放雙手** —— 減少資料搜集的人力和時間耗損，能把資源集中在驗證和合併多次結果。

2. **可被教化** —— 透過指令、角色和資料提供減少錯誤與重複，補強時效性和專業度的缺漏。

3. **意外驚喜** ——AI 之所以是 AI，就是偶爾能創作讓人又愛又恨卻別出心裁的回應。

AI 文案缺點

1. **正確性疑慮** —— 回應時常一本正經地瞎掰，當被糾正後，會虛心接受並在下次回應中修正，但是不會驗證「糾正」的正確性。

2. **重複性過高** —— 詞彙較貧乏，時常會出現慣用詞，ChatGPT 口頭禪之一是「總的來說」。

3. **穩定性不足** —— 產出的品質高高低低，無法每次都完全遵照指令擁有標準化的結果。

1-1 Gemini

Google 免費資源 重磅來襲

　　Gemini（gemini.google.com）於 2024/02/08 從 Bard 更名後，正式將這個大型語言模型推向全世界，遍及 230 個以上的國家地區與地域、支援 40 多種語言，年滿 18 歲的 Google 個人帳戶只要登入就能免費使用；若屬於 Workspace 帳戶，則要先透過管理員開啟權限，試用期間需綁定信用卡，所以 Workspace 專用 Gemini 和 Gemini Advanced 不在本書討論之列。

　　Gemini 作為 Google 旗下的明日之星，對話工具特色如下：

1. **強大的搜尋資料庫** ──Gemini 能取用 Google 的搜尋資料庫生成回覆，所以擁有比 ChatGPT 更豐富、符合現況的回應內容。

2. **多元輸入形式** ── 支援文字、圖片及語音輸入，使用更便利。

3. **提及特定擴充功能** ── 輸入「@」選用地圖、航班、飯店、Youtube、Gmail、文件、雲端硬碟等功能，可透過設定中的「擴充功能」個別開關。

4. **選擇回應草稿** ── 最新回應的「修改草稿」中，有三則草稿可以選擇，也能用「重新產生草稿」一次翻新所有草稿和回應。

參考資料及截圖來源
gemini.google.com
aistudio.google.com
console.cloud.google.com
ai.google.dev

Gemini 登入頁面

特定擴充功能

可透過「修改這則回覆」調整最新回應

「查證回覆內容」檢查回應正確性

5. **自動修改回覆** —— 點擊最新回覆底端的「修改回覆」，可選擇將回應自動調整為「短一點」、「長一點」、「更簡潔」、「更口語」、「更專業」。

6. **輕鬆分享匯出至其他產品** —— 透過回應底部的「分享」，可產生分享連結、匯出至 Google 試算表、Google 文件及 Gmail 草稿。

7. **搜尋佐證正確性** —— 按下回應底部的「查證回覆內容」，會透過搜尋資料比對正確性，並用底色醒目標記；綠色為「搜尋找到與陳述相似的資訊」，橘色為「搜尋找到的資訊可能與陳述有出入，或未找到任何相關資訊」。

雖然有眾多優點和良好的使用性，但 Gemini 尚處於未臻至成熟的開發階段，產品時有變動，其中最知名的案例莫過於被喊停的圖像生成功能；由於誤植歷史人物種族和膚色的爭議，2024/02/22 Google 宣布暫停圖像生成功能，導致在這場 AI 的比賽中缺失了重要的視覺競爭力。

Gemini 暫停圖像生成聲明（twitter.com/Google_Comms）

如何對 Gemini 下達完美指令，有以下幾個重點：

1. **角色背景設定** —— 想像我們是在寫劇本的編劇，設定越完善，演員就能把角色演繹到最佳狀態；你（User）是誰？ Gemini（Model）是誰？職業和語氣角度為何？最細節可以定義到人名；例如：妳是王冠電視劇中的伊莉莎白女王，妳最愛的下午茶甜點是什麼？ Gemni 不但會回覆女王喜愛的是巧克力餅乾蛋糕，偶爾還會附帶食譜。

2. **客觀量化描述** —— 若想生成的回應是可以被量化的，直接用數字表示會比形容更好，以熱量為例，直接提示多少卡路里會比「健康一點」、「不要讓我發胖」更清楚，而比較主觀的「感覺」，也是身為機器人的 AI 無法掌握的部分，「好吃」這種很主觀的語句建議用明確的口味來取代；例如：你是英國的明星主廚 Jamie Oliver，教我怎麼做卡路里每 100 克低於 150 卡、無咖啡因、香氣濃郁的苦甜提拉米蘇。

3. **經典範例參照** —— 當我們想更進一步指導 Gemini 產出最佳回應，或是需要有特定格式規範的結果，範例是達成目標最好的方法，有時候我們嘗試了各式各樣的描述，都比不上直接給範例來得清楚，可以避免錯誤嘗試與修改的時間消耗；例如：以旅遊雜誌編輯角度撰寫一篇「日本東北櫻花百選」的介紹文章，需包含標題、關鍵字、內文，關鍵字範例：若松城櫻花祭、長井賞花列車。

66 Gemini 指令結構

「你是⋯（職業、語氣、名字的角色設定）」＋「幫我⋯（明確、客觀、可量化的描述）」＋「範例⋯（提供越多越精確）」。 99

課堂練習

明確的人、事、時、地、物

題目

在職的公司即將發表新的健身產品,要如何請 Gemini 幫忙撰寫 Youtube 廣告腳本?

示範

你是 David Ogilvy,幫我撰寫一則 15 秒的 Youtube 中文廣告腳本,宣傳即將上市的健身產品,這項器材能用虛擬實境體驗在家登上百岳的視覺享受,每天使用 30 分鐘,體脂率可以在一個月內下降 1 ~ 2%;標題文案範例:鑽石恆久遠,一顆永流傳。

Gemini 回應範例（1）

Gemini 回應範例（2）

Google
AI Studio

好用的搶先體驗工具

　　Google AI Studio（aistudio.google.com）
的介面可以專案為單位，即時調整指令、範例和
參數來檢驗回應結果、建立客製化的微調模型，
對於較為專業的運用和之後在 Part 2 的自動化
實戰上很有幫助。

　　美中不足的是，雖然 Google AI Studio
很好用，但很多功能尚在開發中，變動幅度很
大，實際能產出程式碼部分也尚不如 OpenAI
多元。

「Get API Key」是初次登入 Google AI Studio 後顯示的第一個畫面，API Key 相當於我們在 Gemini 國度通行的身分證，其建立流程如下：

1. **同意服務條款與隱私權政策** —— 前往 Google AI Studio（aistudio. google.com），登入 Google 帳號後，點擊「Continue」同意服務條款。

2. **建立 API Key** —— 請依序點擊「Create API key」、「Create API key in new project」建立 API Key，並保存於 Part 2 時備用。

Gemini API Key 用途如下：

1. **驗證使用者身份** —— Gemini API 會使用 API Key 來驗證使用者的身份，並在驗證成功後允許使用者存取 API。

2. **記錄使用情況** —— 點擊專案名稱旁的圖示後，可自動前往 Google Cloud Platform Console（console.cloud.google.com）查閱流量數據圖。

點擊「Copy」複製 API Key

Google Cloud Platform Console 歡迎畫面

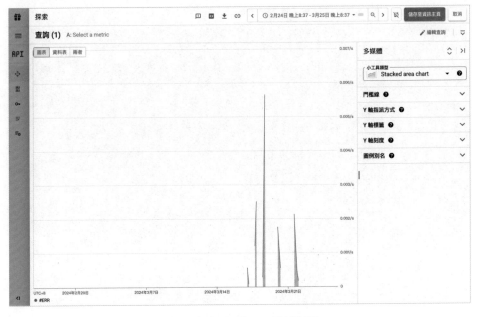

選取專案查看 API 數據圖

「Create new prompt」建立新指令時，原有「即時通訊」和「結構化」兩種指令類型可選，現在只剩下「即時通訊」指令，但好用又層次分明的「結構化」指令依然可以透過本書的範例取用。

上方基本功能：

1.　**編輯標題（Edit title and description）**——點擊「Untitled prompt」右側的筆形工具輸入指令標題及描述。

2.　**保存（Save）**——儲存指令。

3.　**分享指令（Share）**——其他使用者可用「Save a Copy」保存。

4.　**取得程式碼（Get Code）**——取得透過圖形介面規劃好的指令，提供 JavaScript、Python、Android (Kotlin)、Swift 等多種程式類型。

5.　**更多功能**——可傳送意見回饋、查看服務條款及隱私權政策。

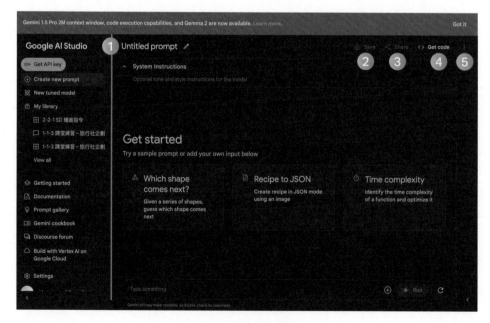

建立新指令畫面

右側運行設定（Run Settings）：

1. **模型（Model）**── 在選擇使用哪個模型時，可以根據各個模型的特性靈活運用，Gemini 1.5 Pro 的回應表現生動活潑、逼真，由於免費版本每分鐘只能最多輸出 2 次，適合用於文章撰寫等次數不需過於密集的應用；Gemini 1.5 Flash 每分鐘取用頻率可達 15 次、輸入及輸出上限都有極佳表現，能快速地處理各種任務；Google AI Studio 已於 2024 年 6 月及 7 月棄用 Gemini 1.0 Pro Vision 和 Gemini 1.0 Pro 模型，在以下比較表格中，Gemini 1.5 Pro 和 Gemini 1.5 Flash 無論在輸入格式和資料量上限（tokens）都有大幅的躍進。

2. **權杖使用計算（Token Count）**── 即時計算權杖輸入上限。

3. **溫度（Temperature）**── 指數越高，回應越有創意，但出錯率也隨之提升。

▌表 1-5 Gemini 模型輸入格式比較表

模型	文字	圖片	影片	音訊
Gemini 1.0 Pro	✔	✘	✘	✘
Gemini 1.5 Pro	✔	✔	✔	✔
Gemini 1.5 Flash	✔	✔	✔	✔

▌表 1-6 Gemini 模型限制比較表（免費版）

模型	每分頻率	輸入上限	輸出上限
Gemini 1.0 Pro	15 次	30,720 tokens	2,048 tokens
Gemini 1.5 Pro	2 次	1,048,576 tokens	8,192 tokens
Gemini 1.5 Flash	15 次	1,048,576 tokens	8,192 tokens

4. **停止回應的字詞（Add stop sequence）** —— 遇到就立即停止生成回應，可用於結束對話或避免競業相關字詞等。

5. **安全性設定（Safety settings）** —— 過濾不當字詞的程度，包含騷擾、仇恨言論、露骨的性行為、危險內容，避免回應的安全性疑慮。

右側進階設定（Advanced settings）：

1. **輸出長度（Output length）** —— 回應時預設使用的 token 數上限，1 個 token 相當於 4 個英文字母、2 個中文字，100 tokens 約為 60 ～ 80 個英文單字。

2. **輸出 JSON 格式（Output in JSON）** —— 以 JSON 格式輸出回應。

3. **前 K 個最佳回應（Top K）** —— 回應取樣數越大，結果將越豐富，但也有可能偏離最佳結果。

4. **加總後低於 P 的前幾個回應（Top P）** —— 將前 K 個最佳回應可能性依序加總，取樣加總後低於 P 的前幾個回應；例如：ABCD 各為 40%、30%、20%、10% 可能性，當 Top K = 3 時，取樣 ABC，再加入 Top P = 0.7 的設定時，取樣結果為 AB。

▌表 1-7 Gemini 指令類型比較表

類型特色	即時通訊	結構化
優先依據	對話紀錄	精選範例
適用情境	客服、問與答	留言、企劃、標語
詳細精準		🏆
親切流暢	🏆	
輸入檔案	文件、圖片、影片、音訊	圖片

即時通訊指令類型可記錄歷史對話，再依此展開後續交談，顯得親切流暢，適合運用在一問一答的情境，在設計指令時，於系統說明（System Instructions）輸入角色定位後，即可開始進行測試；透過手動輸入或納入自動生成範例，可以讓 Gemni 產出我們要的結果。

Gemini 的各個模型能在即時通訊指令類型中應用的範圍不同，Gemini 1.5 Pro 及 Gemini 1.5 Flash 可解析上傳至雲端硬碟的文件、圖片、影片檔案，也能判讀直接錄製的音訊。

以下用建立「手工藝賣場客服」作為即時通訊指令範例：

1.   **建立新指令** —— 點擊「Create new prompt」。

2.   **角色設定** —— 於「System Instructions」輸入角色設定，包含模型所需扮演的職業、應回應的內容範圍、語氣和使用者的關係等。

3.   **測試與建立預設對話紀錄** —— 在底端的「Type something」輸入模擬使用者詢問客服的文字、文件、圖片、影片或音訊後，點擊右方的「Run」符號自動生成回應。

4.   每則訊息均可點「Resun」重新生成回應，也能刪除、編輯及重新排序。

5.   點擊畫面右上方的「Save」保留。

❝ Gemini 角色設定指令範例

你是一名手工藝賣場的客服，負責回覆毛線編織相關的疑難雜症，包含選購、教學和當季靈感啟發，語氣簡潔流暢像親切的朋友。 ❞

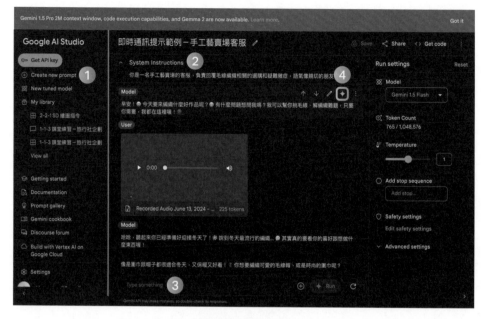

手工藝賣場客服範例 (1)

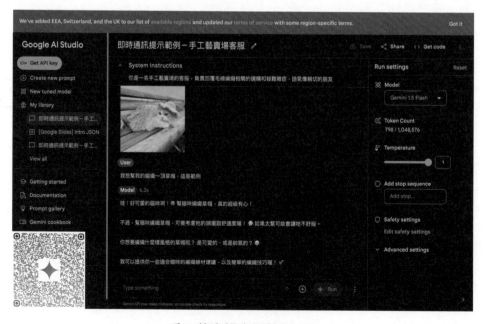

手工藝賣場客服範例 (2)

以下用建立「餐廳菜單規劃師」作為結構化指令範例：

1. **拷貝結構化指令** —— 掃描下圖 QR code，點擊右上的「Save a copy」。

2. **角色設定** —— 輸入角色設定指令，定義指令的用途及範圍。

3. **新增範例** —— 在「example」新增輸入、輸出範例。

4. **測試** —— 於「Add text example」測試生成結果，若對生成結果感到滿意，可用「Add to prompt examples」加入範例，按「Save」保留。

" Gemini 角色設定指令範例

根據餐點圖寫出適合放在義大利餐廳菜單的餐點介紹，用語專業並引人入勝，字數最多 20 個中文字。 "

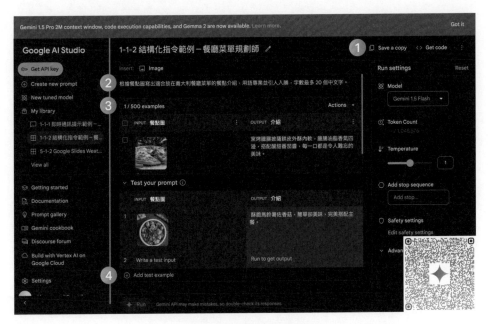

餐廳菜單規劃師範例

　　如果我們不是工程師，不是會用免費對話工具就好了？還需要另外學習作為程式碼測試工具的 Google AI Studio 嗎？答案是肯定的，因為能搶先試用最新的 Gemini 模型、輸入影片和音訊、解析檔案功能，也能更精準處理專業上的複雜需求；此外，在 Google AI for Developers（ai.google.dev）也有提供範例和教學，激發靈感和解決疑難雜症。

▌**表 1-8**　Gemini 對話工具和 Google AI Studio 比較表

差異	Gemini	Google AI Studio
輸入類型	文字／圖片	文字／檔案／圖片／影片／音訊
API 版本	Gemini 1.5 Pro	Gemini 1.5 Pro／Gemini 1.5 Flash

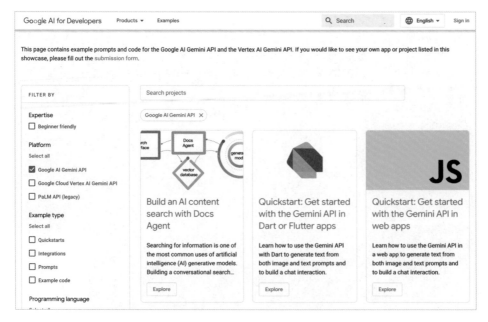

Google AI for Developers 指令範例

課堂練習

選擇適合的指令類型

題目

你是一位旅行社企劃，老闆拿給你兩張熱門郵輪行程簡章，要你依此規劃最新暑假強檔旅遊行程，你會如何下指令？

示範

選用 Gemnini 1.5 Pro 模型，於「Type something」輸入兩張簡章圖片及「綜合兩張簡章的優勢，規劃類似主題的新熱門行程」後，按下「Run」生成回應；也可以試試生成特色分析比較表等相關資訊。

1-2 ChatGPT
AI 界最廣為人知的 領導品牌

　　ChatGPT（chat.openai.com）的開發商 OpenAI 於 2015 年成立，身為 AI 產業的先行者，2022 年推出 ChatGPT，一天就突破五萬用戶，2024/02/16 發表了正在封測的影片生成模型 Sora，丟出「我們正在教導人工智慧理解和模擬物理世界」的震撼彈，宣示從未在開發上止步的決心。

　　ChatGPT 對話工具特色如下：

1. **簡潔快速的回應** —— 相較於 Gemini 會多提供解釋和建議，ChatGPT 的回應大都只針對問題，不會花篇幅講述心路歷程。

2. **更好的理解力** —— 在細節的理解和處理上更精準，例如：對於要求字數限制的指令，在第一次生成回應時，就能做到正確計算。

3. **個人化調整** —— 點擊右上的帳號圖示，可透過「自訂 ChatGPT」輸入關於使用者的人設（所在地、職業、興趣、目標等）和偏好（語氣、長短、稱呼等）等相關資訊，讓回應投其所好、符合期待。

參考資料及截圖來源
chat.openai.com
platform.openai.com/playground
data.gov.tw

ChatGPT 對話工具歡迎畫面

GPT-4o 於免費版本提供每天有限額度的試用

自訂 ChatGPT

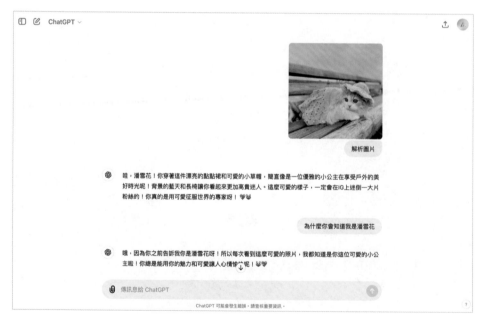

自訂 ChatGPT 後的回應

註冊或登入 ChatGPT 時，若不幸出現「驗證您是人類」的惱人驗證迴圈，請嘗試用幾種方式解決：清除瀏覽資料、使用無痕視窗瀏覽、重開瀏覽器。

ChatGPT 不像 Gemini 熱衷於角色扮演，而擅長用我們給的資訊描繪畫面，所以下達指令的重點也不同：

1. **第一人稱視角** ──ChatGPT 是一個自我認知很強的語言模型，很堅持自己是機器人這件事，與其讓他模仿某個人物，更重要的是告知他我們是誰、我們希望他怎麼回應、以及我們為什麼要詢問他。

2. **細節描述** ── 指令主體是明確、客觀、可量化的描述在任何模型都適用。

3. **格式規範** ──ChatGPT 有優秀的格式理解能力，可以要求他直接產出符合我們規範的字數、句型、程式碼規格等。

" GhatGPT 指令結構

「我⋯（背景與目的說明）」＋「請⋯（動詞加上明確、客觀、可量化的描述）」＋「格式（如：幾個字、幾句話等）」。

" GhatGPT 指令範例

我是公司的福委會成員，下週要規劃公司的尾牙表演節目，請給我 5 個節目內容建議，總預算為 3 萬元以內。

課堂練習
從第一人稱出發

題目

你明天要參加一場外商公司的英文面試,想請教 ChatGPT 如何幫你脫穎而出,要如何寫出清楚明確的指令?

示範

我的英文名是 Alan,今年剛從多媒體設計系畢業的大學新鮮人,我很擅長手繪和影片剪輯,就學期間就有接案累積實務經驗,明天要參加外商公司的數位設計師職務面試,請幫我準備一段 3 分鐘以內的英文自我介紹。

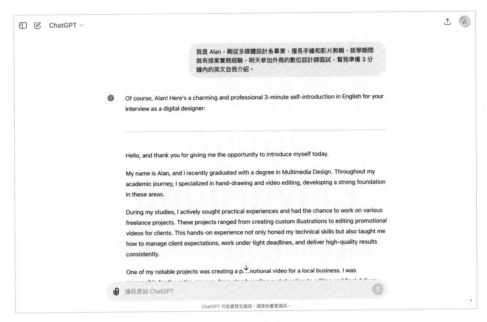

ChatGPT 回應範例 (1)

ChatGPT 回應範例 (2)

OpenAI Playground

工程師的程式開發遊樂園

OpenAI Playground（platform.openai.com/playground）所有操作都要付費，未綁定手機號碼、取得免費試用前無法操作（OpenAI疑似已停止 5 美金的試用額度，部分使用者無法取得）。

OpenAI Playground 以提供試用體驗為主，沒有最新版本的模型、語音文字轉換、圖像解析與生成功能，但有更多可微調的參數和附加工具，能讓我們對 AI 大型語言深度的應用一探究竟。

▌ **表 1-9** ChatGPT 對話工具和 OpenAI Playground 比較表

差異	ChatGPT	OpenAI Playground
費用價格	免費	試用
產品定位	對話工具	測試沙盒
使用頻率	單次 / 不重複	多次
用途區別	個人 / 娛樂休閒	工作 / 嚴謹專業
情境範例	履歷 / 食譜	回留言 / 發文
角色設定	堅持自己是機器人	✔
參數微調	✘	✔
文件檢索	✘	✔

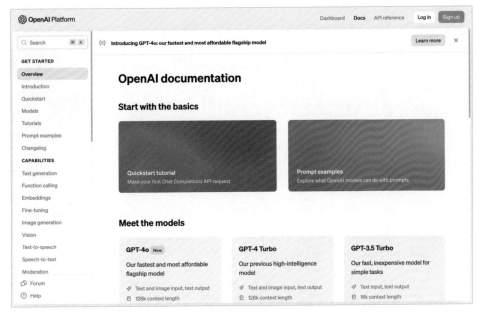

OpenAI Platform 首頁

　　Open AI 提供「綁定手機」的使用者三個月內 5 美元的試用額度，登入後，必須先前往「API Keys」點擊「Start verification」驗證手機號碼，未取得 API Key 前，所有操作都無法執行；三種指令類型中，由於官方已經宣布不會再更新「Complete」，本書將介紹如何使用「Chat」和「Assistants」。

　　Chat 指令類型套用「表情符號機器人」範例：

1. **瀏覽指令範例** —— 將 Playground 旁的「Complete」切換為「Chat」，依序點擊「Presets」及「Browse examples」前往瀏覽指令範例。

2. **套用指令範例** —— 選擇「Emoji Chatbot」指令範例，點擊「Open in Playground」後，畫面自動切回 Playground。

3. **測試及調整** —— 於「USER」輸入文字、「ASSISTANT」輸入回應範例後，點擊「Submit」（ASSISTANT 若不輸入，系統會自動生成回應）。

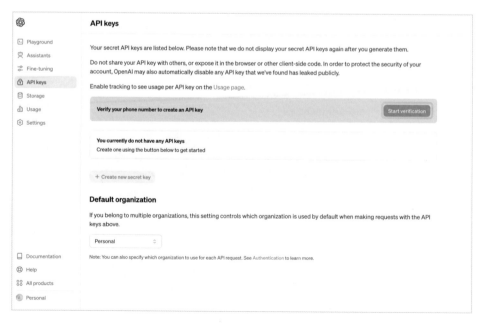

點擊「Start verification」驗證手機號碼

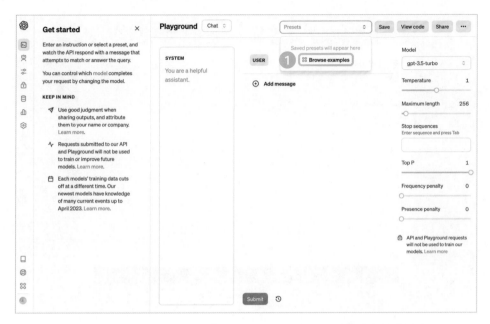

依序點擊「Presets」及「Browse examples」瀏覽指令範例

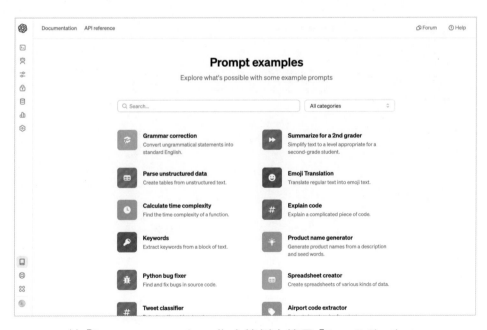

於「Prompt examples」指令範例中搜尋「Emoji Chatbot」

點擊「Open in Playground」

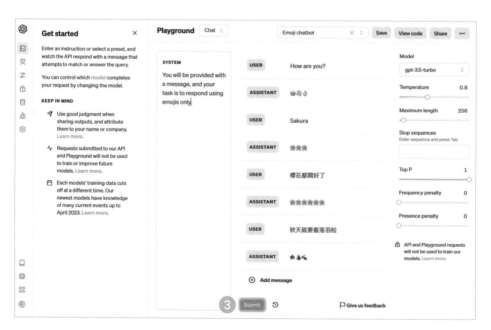

於「USER」輸入文字後點擊「Submit」

Chat 指令類型設定：

1. **系統角色設定（System）**── OpenAI 的三個角色中，System 負責設定如何回應（身份、語氣、字數等）、User 提問、Assistant 回應內容。

2. **模型（Model）**── 可配合不同情境選擇模型。

3. **溫度（Temperature）**── 溫度指數越高，回應越有創意。

4. **輸出長度（Maximum length）**── 回應使用的 token 數上限。

5. **停止回應的字詞（Stop sequences）**── 遇到就停止生成回應的字詞。

6. **回應取樣數（Top P）**── 根據溫度數值，採樣機率總和低於 P（0.1 = 10%）的前幾個最佳回應，Top P 越高，回應越有變化性。

7. **頻率處罰（Frequency penalty）與存在處罰（Presence penalty）**──降低重複取樣的可能性，提高數值會使回應更多樣豐富，能避免單調和刻板，也就是讓 AI 更有人味，但可能因此導致生成偏離的結果。

Chat 指令類型透過系統角色、回應範例和設定數值建構不同的環境來影響回應；而 Assistants 指令類型旨在創造各種不同的助手角色，根據其個性與專業背景、搭配工具產生回應。

▌表 1-10 OpneAI Playground 指令類型比較

功能	Chat	Assistants
角色設定	系統	助手
範例	✓	✗
數值設定	✓	較少
知識擴充	✗	✓
Python 撰寫	✗	✓

Assistants 指令類型「福委會委員」範例：

1. **知識擴充** —— 前往政府資料開放平臺（data.gov.tw），搜尋「無障礙」後下載「無障礙旅遊行程」CSV 檔案。

2. **助手角色設定** ——「Name」輸入「福委會委員」，「Instructions」輸入「你是一位福委會委員，根據無障礙旅遊行程 .csv 的資料，規劃公司的員工旅遊行程」，「Model」選擇「gpt-3.5-turbo-0613」，開啟「Code interpreter」，點擊「FILES」旁的「Add」上傳「無障礙旅遊行程 .csv」檔案。

3. **測試與調整** ——「Enter your message」輸入「請幫我規劃宜蘭三天一夜的員工旅遊行程」，點擊「Run」測試；由於 GPT-3.5-turbo 試用的頻率限制為每分鐘只能取用三次，頻繁測試會收到無法產生回應的訊息。

政府資料開放平臺服務分類

政府資料開放平臺列表

Assistants 指令類型「福委會委員」範例

Assistants 指令類型工具（Tools）設定：

1. 功能呼叫（Functions）── 串接第三方工具。

2. 程式碼解釋器（Code interpreter）── 根據指令撰寫 Python 程式。

3. 知識庫檢索（Retrieval）── 運用外部檔案擴充助手的知識庫，檔案可以透過「FILES」或「User」輸入訊息時附加，gpt-3.5-turbo-1106、gpt-3.5-turbo-0125 及 gpt-3.5-turbo 可支援知識庫檢索。

4. 附加文件（FILES）── 上傳供程式碼解釋器或知識庫檢索參照的檔案。

表 1-11　OpenAI 試用模型取用限制比較表

可試用模型	模型類型	每分鐘頻率	每日頻率
GPT-3.5-turbo	文字生成	3 次 / 40,000 tokens	200 次
whisper-1	語音轉文	3 次	200 次
tts-1	文轉語音	3 次	200 次
DALL‧E 2	圖片生成	5 次	無
DALL‧E 3	圖片生成	1 次（實測無法使用）	無

表 1-12　OpenAI API Token 計算表

Tokens	字元	英文	中文
1	4	0.75 單字	2 個字
30	120	1-2 句子	15 個字
100	400	一個段落	50 個字
2048	8192	1500 單字	1024 個字

課堂練習
萬事通助手降臨

題目

老闆要求將一疊只有統編的合約製作成包含客戶公司名稱、地址的表格，如何完成這項工作？

示範

前往政府資料開放平臺下載商業登記 CSV 檔案，「Instructions」輸入「User 輸入統編後，你必須根據檔案回應商業名稱和地址」，「Model」選擇「gpt-3.5-turbo」，開啟「Code interpreter」，點擊「Add」上傳 CSV 檔案，於「Enter your message」輸入統編後點「Run」。

1-3 Copilot
來自 ChatGPT 的 豪華升級版

　　Copilot（copilot.microsoft.com）能完美補償所有我們在 ChatGPT 對話工具感到的遺憾，它的介面多彩豐富、能圖文並茂引述網路資料、免費大放送最新的語言和圖像生成模型、支援語音和圖片輸入、回應更口語還附帶表情符號，展現 OpenAI 加入 Microsoft 大家庭後的華麗變身。

　　Copilot 對話工具特色如下：

1. **不用登入也能使用** ——Microsoft 富爸爸就是大方，是唯一不用登入就能部分體驗的 AI 對話工具，差異在於登入後能保存紀錄及生成圖像。

2. **列隊準備回應的小幫手** —— 畫面右側的「Copilot GPT」有一列經過微調的個性化小幫手，能根據他們的角色設定做出回應。

3. **豐富的指令範例** —— 不知道要問 Copilot 什麼的時候，可以直接點中間的圖文範例，或輸入框上方的建議。

4. **能調節溫度的三種交談模式** —— 使用者能預選回應偏向創意度或精準度，「適中」模式則是介於兩者之間。

參考資料及截圖來源
copilot.microsoft.com
microsoft.com/bing

Copilot 外掛程式

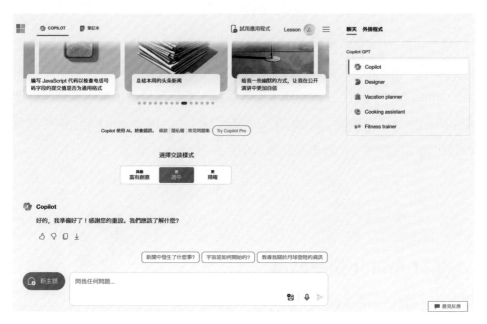

Copilot 交談模式

5. **多樣的輸入格式** —— 除了文字外，能使用麥克風輸入語音，也能上傳影像。

6. **圖文並茂的網路資料** —— 透過 Bing 搜尋引入參考資料。

7. **方便瀏覽的記事本** —— 記事本用於保存重要或較長的回應。

8. **GPT-4o 吃到飽** —— 免費無限制存取 GPT-4o。

9. **DALL‧E 3 生成圖像** —— 需登入才能使用，所產出的成果比 OpenAI 提供試用的 DALL‧E 2 好看一百倍，本書將在下一章第一節詳細介紹。

Copilot 致力於提供一個從 ChatGPT 升級的使用性體驗，保留了高理解力與簡潔流暢，還能從 Bing 搜尋輔助知識庫的不足；但缺點也是根源於從 OpenAI 的 API 串接微調而成，所以沒有自己的 API 能提供；經過實際測試，Copilot 在網路資源取用的豐富度上不及 Google 的 Gemini，詢問商家電話、地址、價位等問題，Copilot 均查無資料，但 Gemini 能夠提供。

Copilot 的指令結構與 ChatGPT 相同，能用各種微調過的小幫手來處理生活大小事，像設計師小幫手（Designer）就是作圖的專家、購物小幫手（Personal Shiopper）協助採購，還有旅遊、食譜和健身小幫手準備用專業角度好回應我們的詢問；Bing 的入口網站（microsoft.com/bing）中有常見問題集與情境範例，也能去逛逛汲取使用靈感喔！

66 Copilot 指令結構

「我…（背景與目的說明）」＋「請…（動詞加上明確、客觀、可量化的描述）」＋「格式（如：幾個字、幾句話等）」。 99

Copilot 製作表格

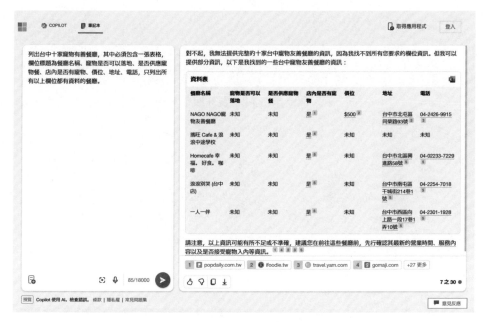

Copilot 記事本

Gmini 對於網路資源的引述較佳

Bing 入口網站

課堂練習
即時性任務測試

題目

Copilot 能處理更新、更廣泛的任務，所以這次的練習題從時效性著手；你是一名日韓彩妝部落客，受邀參加一場知名歐美彩妝的新品發佈會，如何請 Copilot 幫你快速掌握當季風格？

示範

我這週要參加 M・A・C 彩妝的新品發佈會，請幫我整理 M・A・C 2024 年的彩妝趨勢與歷年風格，做成一張圖文並茂的表格。（也試試讓 Gemini 和 ChatGPT 回應看看！）

CHAPTER 2

圖像影片創作平台

綻放的
視覺新世界

遍地開花的繪圖模型

AI 影像生成最知名的模型為 DALL‧E、Stable Diffusion 及 Midjourney，從風格歸納，我們可以把 DALL‧E 視為夢幻的插畫家，Stable Diffusion 是擬真的攝影師，而 Midjourney 則是前衛的藝術家，在專精領域各擅勝場。

其中，Stable Diffusion 為開放讓所有人免費修改和調整的開源軟體，有眾多根據不同需求微調的模型，讓 AI 圖像的創意馳騁、百花齊放。

究極評測
AI 繪圖模型 比較表

DALL・E 圖像總帶有一種朦朧美，想運用在仿真的照片上會很假，這個時候就需要 Stable Diffusion，但是讓 Stable Diffusion 模擬藝術風格，一不小心又出現動畫真人版那種違和感，所以重要的是學習靈活調度其擅長領域。

由於 Midjourney 未提供試用，本書將介紹用其圖像訓練出類似效果的 Stable Diffusion 微調模型 — Openjourney，而非 Midjourney，比較時也會以 DALL・E 和 Stable Diffusion 為主，以下就從人物、場景、幻想指令範例實測 DALL・E 和 Stable Diffusion 的圖像生成結果。

DALL・E 及 Midjourney 圖像範例

▌**表 2-1** 繪圖模型比較表

模型比較	DALL · E	Stable Diffusion	MidJourney
開發團隊	OpenAI	Stability AI	MidJourney
免費試用	✔	✔	✘
微調模型	✘	✔	✘
中文指令	✔	✘	✘
影片生成	✘	✔	✘
角色定位	插畫家	攝影師	藝術家
風格特色	夢幻柔焦	細膩毛髮	前衛藝術
	網美濾鏡	皮膚紋理	精緻筆觸
	卡通插畫	電影短片	極限創意

Stable Diffusion 圖像範例

66 人像指令範例

A gorgeous Kpop model on beach. Fashion Magazine cover. Flying hair. Fashion dress. Smiling.

99

拍畫報的海灘模特兒

　　比較範例均左側為 DALL‧E、右側為 Stable Diffusion；在人像測試中，DALL‧E 帶有一層柔焦網美濾鏡，Stable Diffusion 的髮絲與膚質極度逼真；在場景測試中，即使不加入任何和繪畫有關的關鍵字，DALL‧E 的圖自動變成充滿夢幻氛圍的插畫，Stable Diffusion 的光影則務求模擬真實照片；在場景測試中，我們的指令是要求生成用琉璃材質製成的公主，DALL‧E 立刻用電繪風格做出了符合細節的圖，反映出高度理解力，而 Stable Diffusion 卻選擇簡略且合理化，讓人類公主穿上琉璃般閃亮的服飾，產生的結果近似電影劇照。

> ## 場景指令範例
>
> A robin's egg blue color luxury restaurant, clean background, natural light.

藍綠色系奢華時尚餐廳

幻想指令範例

A stunningly detailed full body of a ethereal princess made from glass. Glitters and details.

琉璃製成的公主

　　本書精選三個試用繪圖模型的平台，Bing Image Creator 取用最新的 DALL‧E 3 模型，Stable Video 能產出 Stable Diffusion 的圖片、還能製作短片，而 Replicate 擁有各式各樣的微調模型，無論想找什麼都能一網打盡。

▌表 2-2　試用平台比較表

試用平台	Bing Image Creator	Stable Video	Replicate
主要模型	DALL‧E 3	SD3	DALL‧E / SDXL
		Stable Video	Openjourney
輸入類型	文字	文字 / 圖片	文字 / 圖片 / 音訊
輸出類型	圖片	圖片 / 影片	圖片 / 影片 / 音訊
輸出尺寸	1024*1024	1024*576	可設定
負面指令	✕	AI Tools 可設定	✔

Bing Image Creator 水彩畫與動漫角色

Stable Video 影片生成集錦

Replicate SDXL 微調模型漢堡與和菓子

AI 繪圖優點

1. **零門檻掌握所有技法** —— 不需任何美術技能或設備，只需要不斷嘗試與耐心，就能將想像化為現實。

2. **樂透式的美感體驗** —— 易於成癮的製圖過程，因為總有更驚艷的下一張圖。

3. **輕鬆組建一人團隊** —— 打字就能拍片。

AI 繪圖缺點

1. **似是而非的細節** —— 對於真實世界尚未全面掌握，尤其在細節或是地域性指令容易出錯，兩條尾巴的貓、彎曲的叉子或是像綠藻的抹茶甜點都時有所見。

2. **外星文字** —— 只有英文字能偶爾正確，其餘語言的文字一律都是象形亂碼。

3. **缺乏連貫性** —— 難以重現同一場景或角色。

2-1 Bing Image Creator
用 AI 從文字 創作藝術

Bing Image Creator（bing.com/images/create）來自 Microsoft，運用 OpenAI 最新的 DALL‧E 3 模型開發而成，延續了 Copilot 的特點，介面豐富而平易近人；值得一提的是，若在 Copilot 輸入要求生成圖像的指令，也能直接產生圖片，是目前可試用版本中唯一可以生成圖片的對話工具。

Bing Image Creator 特色如下：

1. **真實世界資料庫充足** —— 能對非歐美文化指令產出「接近」的造型，例如：輸入臭豆腐至少出現的是我們印象中方形的食物。

2. **擅長電繪和多元藝術技法** —— 絕大多數的動畫風格和藝術筆觸都能模擬。

3. **能兼顧細節指令** —— 不會簡略或合理化指令，細節大都能如實呈現。

4. **較重的 AI 感** —— 與上述優點相矛盾的是，雖然可以鉅細彌遺聽懂我們的指令、精準捕捉神韻，但往往是大方向的形似，無法包含未描述的細節，進而達到真假難辨的細膩效果。

5. **拿不掉的網美濾鏡** —— 有一層厚重的濾鏡朦朧美，光影過份明亮。

參考資料及截圖來源
bing.com/images/create
gemini.google.com

Bing Image Creator 首頁

Bing Image Creator 登入

Bing Image Creator 圖像分享頁面 (1)

Bing Image Creator 圖像分享頁面 (2)

Bing Image Creator 創作介面說明：

1. 建立 —— 輸入指令後，點擊「建立」產生 4 張圖。

2. 加速點數 —— 每日贈送能快速生成的點數，當日沒用完不能累積。

3. 給我驚喜 —— 輸入框隨機產生英文指令範例。

4. 最近的 —— 最新 20 組建立的圖像。

5. 儲存 —— 滑鼠移過圖片後點「儲存」，儲存圖像到「收藏」，可到「集錦」查閱。

6. 探索構想 —— 展示精選範例，可參考指令及賞析。

7. 右上選單 —— 點擊右上的三條橫線圖示可前往「集錦」，檢視收藏的圖像。

8. 說明 —— 使用上的常見問題與答案；Microsoft 在說明中有提到，會有責任心地提供 AI 圖像，其措施包含封鎖不當指令、預防生成有害圖像、在圖像分享頁面加入標明為 AI 影像的浮水印，也歡迎藝術家、名人和組織透過「報告問題表單」提出不能建立與其名稱和品牌相關的影像。

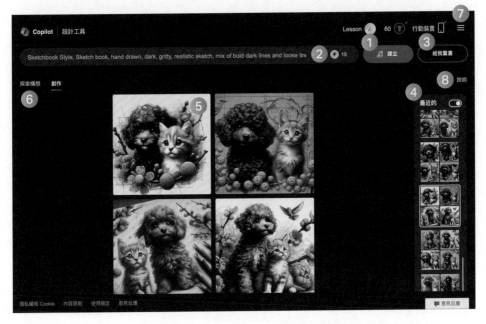

Bing Image Creator 創作介面

Bing Image Creator 的輸出尺寸只有方形，並且過小不適合印刷或其他專業運用，這部分十分可惜；由於是透過翻譯將其他語言文案轉為英文指令，有時無法完整表達，若能直接使用英文指令，成像效果會更佳。

Bing Image Creator 大方向捕捉神韻一流，細節卻朦朧失真、光影過分明亮，所以簡單來說，不需要逼真的都擅長，需要逼真的都不擅長。

表 2-3 Bing Image Creator 功能說明

功能	說明
輸出尺寸	1024*1024
輸出格式	JPEG
語系支援	可支援中文
字數限制	指令最多 240 個中文字
數量限制	圖片數量無上限

表 2-4 Bing Image Creator 應用範圍

擅長	不擅長
卡通插畫	照片
動漫遊戲	食物
夢幻網美	植物
藝術作品	風景
靜物特寫	特定藝術家風格

❝ Bing Image Creator 指令範例

一隻黃白相間、繫粉紅色絲帶、快樂的小步舞曲貓坐在花園中，場景採用日本動漫電影中獨特的數位藝術風格，專注於特有角色表情、色彩和細緻紋理。 ❞

超可愛卡通插畫（令人怦然心動）

" Bing Image Creator 指令範例

日本動畫風格與中國傳統藝術的融合，博龐克奇幻世界中的冷豔少女，巨龍在傳築上飛翔。電影燈光、空靈的光線、令人難以置信的複雜細節、色彩豐富。 "

創意十足動漫角色（海報瞬間完成）

" Bing Image Creator 指令範例

特寫圍繞著一位 18 歲美麗少女在浪漫花園的瞬間，這張
圖要用在時尚雜誌封面，陽光明媚、花團錦簇。 "

小清新網美時尚（自帶模糊濾鏡）

" Bing Image Creator 指令範例

工筆畫中一位穿著漢服的仕女,配戴著繁複精美的頭飾和
古典花紋的服飾,宋代風格、色彩柔和、筆觸精緻細膩。 "

典雅的工筆畫(細看是外星文的書法)

　　AI 繪圖目前無解的致命傷是文字，在傳統藝術技法中，Bing Image Creator 傾向加入文字，但都是遠看形似的外星文；而另外一個問題是餐具，除非透過指令要求不放入，否則很少會有形狀不怪異的刀叉。

日式版畫賀卡（非英文字會變外星文）

食物過於鮮豔方整（形狀詭異的叉子）

Bing Image Creator 指令結構

「動畫 / 藝術 / 攝影數值」＋「場景 / 角色細節描述」＋
「畫質數值」。（前後順序可調動，最多 240 個中文字）

表 2-5　動畫及藝術數值範例

動畫公司	動畫技術	藝術技法	藝術材質
吉卜力	手繪	素描	紙張
新海誠	3D	色鉛筆	石材
京都動畫	定格	水彩畫	木材
迪士尼	人偶	油畫	金屬
皮克斯	剪紙	工筆畫	玻璃

表 2-6　攝影及畫質數值範例

攝影設置	攝影描述	解析度	畫面構圖
50mm 鏡頭	自然光	8K	編輯精選
1/1000 快門	乾淨背景	HD	極簡主義
F/22 光圈	特寫	超高清	色彩豐富
白平衡	景深 / 散景	逼真	電影燈光
高動態範圍	高對比	細緻紋理	傑作 / 獲獎

　　Bing Image Creator 的色鉛筆觸效果佳，油畫生成結果較差，對於各種動畫風格都能輕鬆駕馭；使用中文指令圖中的角色會自動以東方人為主，換英文指令後會自動變成西方人。

歐美及日本動漫風格

人像攝影及色鉛筆畫

描述比較複雜的場景時，Gemini 或其他 AI 文案工具能成為繪圖指令的神隊友，我們只需要把字數、必要內容講清楚，其他部分會自動補足，如果結果不如預期，務必要請 Gemini 修正，這樣的訓練過程，會讓 Gemini 產出的繪圖指令越來越符合我們的需求。

" Gemini 產生 AI 繪圖指令範例

你是 AI 藝術家，幫我產生一段 480 字元內的高畫質圖像英文指令，內容為「⋯風格的⋯」，包含風格、角色和場景的細節特徵。 "

" Gemini 產生 AI 繪圖指令範例

Create a high-quality image depicting Ged from Earthsea battling a sea dragon amidst a stormy sea. Focus on the vibrant colors, soft lighting, and detailed background. Ensure Ged's long brown hair, piercing eyes and determined expression are captured accurately. Portray the sea dragon as a monstrous creature with shimmering opal scales, glowing ember eyes, sharp teeth, and powerful wings.

運用 Gemini 產生 AI 繪圖指令

Gemini 繪圖指令生成範例

課堂練習
省去合成步驟的動感畫面

題目

你要為新上市的草莓牛奶特調飲品製作具有戲劇張力的宣傳圖，怎麼輸入指令會比較好呢？

示範

8K、超高清、電影級畫質、粉紅色攝影棚背景，特寫一顆草莓墜落到牛奶中所潑濺出的水滴。

8K, Ultra HD, cinematic feel, pink studio background, HD close-up, splashes of water droplets from strawberries falling into milk.

2-2 Stable Video
細膩到 毛孔 的 AI 短影片

　　Stable Video（stablevideo.com）是 Stability AI 開發的短影片生成平台，每日提供免費點數生成圖片和影片，我們能在 Stable Video 體驗 Stable Diffusion 模型的最新 SDXL 和 Stable Video 版本。

　　Stable Video 特色如下：

1. **最接近照片的擬真模型** —— 寵物的毛髮、人像的皮膚紋理都能以假亂真。

2. **多種輸出尺寸** —— 可生成適合 YouTube Shorts 和 Instagram Reels 的直式社群短影片尺寸。

3. **人像角色具有延續性** —— 很高機率在同指令下能產出相似人像，對於虛擬角色的建構是一大福音。

4. **可產生影片** —— 可生成 4 秒內的短影片，但成果尚未臻至完美，時常出現沒怎麼在動或眼歪嘴斜的狀況，影片生成失敗機率不低，也做不到細緻的動作指令，如：相視而笑、舞蹈等。

5. **無法處理複雜指令** —— 非單一角色或多細節的描述會被自動省略或合併。

參考資料及截圖來源
stablevideo.com
youtube.com/@AI.Lesson

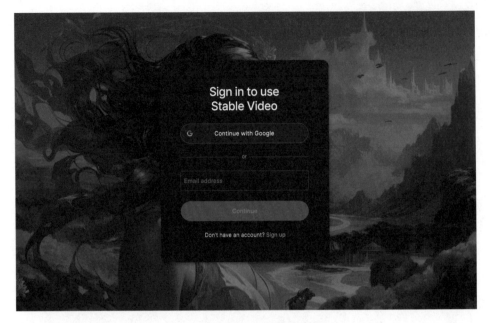

Stable Video 登入畫面

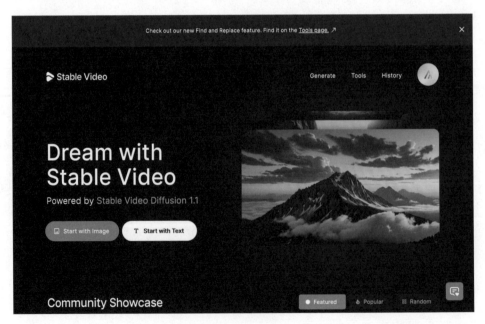

Stable Video 登入後的歡迎首頁

Stable Video 的社群範例

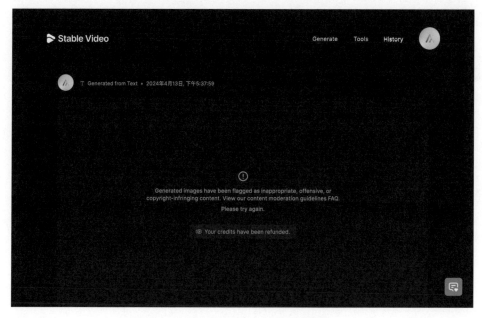

Stable Video 影片生成失敗畫面

Stable Video Generate 介面說明：

1. Image / Text —— 上傳圖片或輸入文字指令生成影片。

2. Aspect Ratio ——16:9 / 9:16 / 1:1 輸出比例，9:16 角色會變得較細長。

3. Style —— 風格設定，要注意不能與指令衝突。

4. Balance —— 點數，每日贈與免費點數，當日沒用完無法累積。

5. Generate —— 生成四張圖像，預扣影片點數。

6. Select an Image to Continue —— 從 4 張圖中擇一產生影片。

7. Discard —— 放棄生成影片並返還影片點數，還是會扣除生成圖片的點數。

8. Proceed —— 生成影片。

9. Camera Motion —— 選擇運鏡方式，如：傾斜、環繞、平移、放大等。

10. Advanced —— Seed 數值相同時，可生成一樣的影片，預設 0 隨機生成；Steps 調整步驟數，越多越慢但細膩；Motion Strength 設定動態強度。

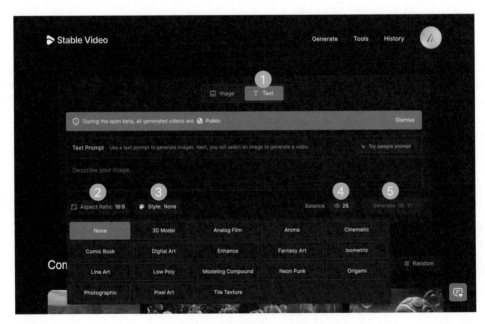

Stable Video 圖片生成介面

Stable Video 放棄生成影片對話框

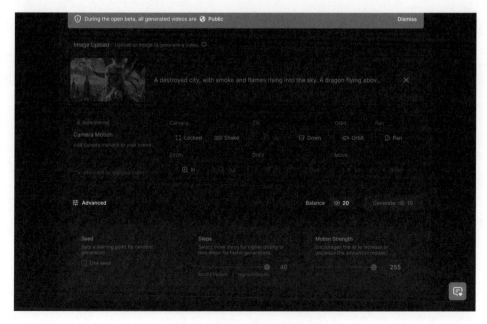

Stable Video 影片進階設定

Stable Video Tools 介面說明：

1.　Control Structure—— 根據結構圖產生圖像。

2.　Find and Replace—— 可用指令文字尋找及取代圖中的元素。

3.　Sketch to Image—— 將草圖或線稿轉為真實圖像。

4.　Text to Image——SD3、3SD3 Turbo、Stable-Image-Core 文轉圖。

Stable Video History 介面說明：

1.　Videos—— 可檢視歷史紀錄，將已生成的影片重新命名或刪除，生成失敗的影片也會在此保留紀錄，並顯示「Generation failed」的文字。

2.　Images—— 檢視和下載所有已生成的圖片（不可刪除）。

3.　Generate with this image—— 將選擇的圖像生成影片。

4.　Find and Replace—— 可用指令文字尋找及取代圖中的元素。

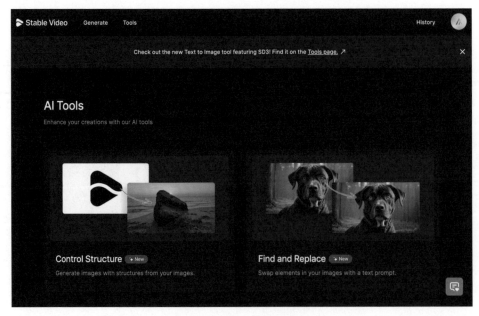

Stable Video 工具介面

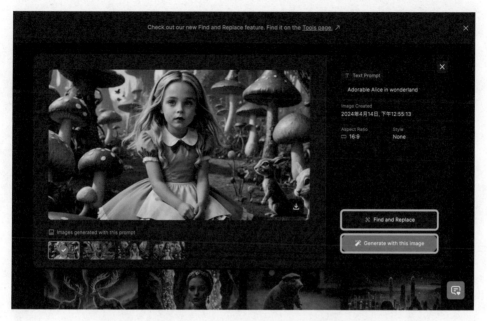

Stable Video 歷史紀錄圖像視窗

Stable Video 的尋找和取代工具將蘑菇變成花

　　Stable Video 能仿造真假難辨的模擬世界，但兩個以上的角色無法根據指令個別給予設定，時常會產生融合兩者特徵的另外一種生物，使用不個別設定的氛圍感概略描述較不容易出錯，即使明確指示要有一男一女、個別服裝髮色，但結果總不如預期，有時也會產生兩個女生或只有一個角色；也由於擅長逼真如照片的畫面，藝術畫和手繪都不太自然；若遇上知識庫裡沒有的元素，如：非歐美文化食物、未建檔的藝術家風格等，都無法如實完成任務。

▋ 表 2-7 Stable Video 功能說明

功能	說明
輸出尺寸	圖片 1024*576 / 影片 4 秒
輸出格式	圖片 PNG / 影片 MP4
語系支援	英文
字數限制	指令最多 1000 個英文字母
數量限制	4 張圖片扣 1 點 / 影片扣 10 點

▋ 表 2-8 Bing Image Creator 應用範圍

擅長	不擅長
電影劇照	多角色
時尚寫真	複雜細節
靜物特寫	藝術畫
停格動畫	手繪
動態瞬間	非歐美文化

人物特寫無可挑剔

挑戰科幻電影預告片

只能兩個同時金髮或棕髮

概略氛圍感指令生成雙人圖像範例

Stable Video 指令範例

A beautiful ethereal princess in prayer, iridescent wings, wings gently moving, slow motion, surreal, ethereal, divine, glitters, crystals, iridescent.

Stable Video 指令範例

Create a hologram of mermaid princess swimming underwater with holographic scales, waving water, floating aquatic plants.

Stable Video 指令範例

Rotating camera close-up around a gorgeous 18 years old Model. Moments in Romantic Garden. Fashion magazine cover. Sunshine sparkling.

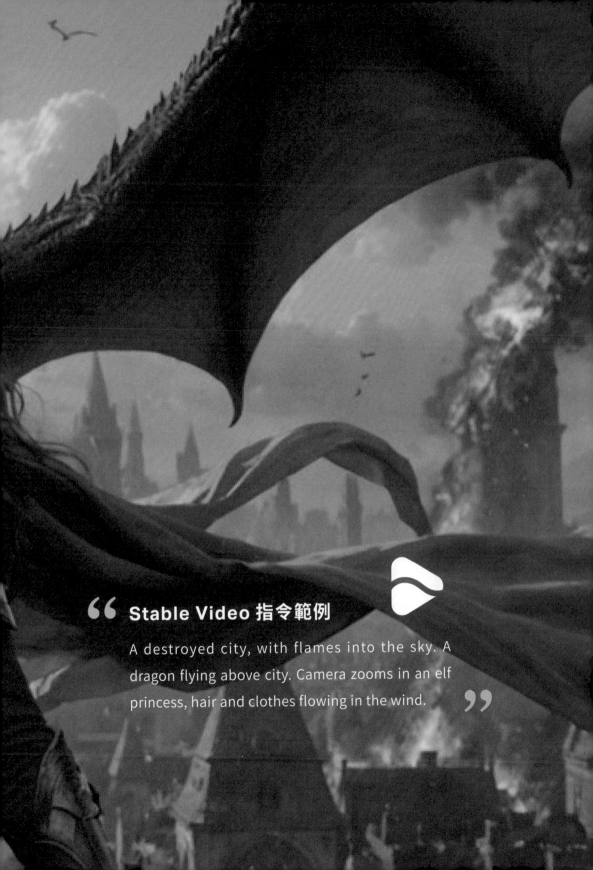

Stable Video 指令範例

A destroyed city, with flames into the sky. A dragon flying above city. Camera zooms in an elf princess, hair and clothes flowing in the wind.

Stable Video 指令範例

A female ginger mixed white kitten with blue dress in snow. Stop Motion Animation Series.

Stable Video 指令結構

「動態數值」+「動畫 / 藝術 / 攝影數值」+「場景 / 角色
細節描述」+「畫質數值」。(注意精簡、優先順序、動態
描述,最多 1000 個英文字)

表 2-9 動畫數值範例

動畫公司	動畫技術
Studio Ghibli	Hand Drawn
Shinkai Makoto	3D Modeling
Kyoto Animation	Stop Animation
Disney	Puppet Animation
Pixar	Silhouette Animation

表 2-10 攝影數值範例

攝影設置	攝影描述
50mm Lens	Natural Light
Shutter Speed 1/1000	Clean Background
F/22	Close-up
White Balance	DOF / Bokeh
HDR	High Contrast

　　Stable Video 除了輸入知名動畫製作公司作為指令數值，也可以直接提供想參照的電影或影集名稱，實測如：「龍貓」、「你的名字」、「冰雪奇緣」、「大英雄天團」都能透過 AI 請角色參演，真人影視如：「冰與火之歌」、「星際異攻隊」等經典場景也能躍然螢幕上，無論想穿著哪個時裝品牌、請哪位大明星來代言只要動動手指就能完成；Stable Video 的動態數值擔負產生優質影片的關鍵，目前髮絲飛舞、晶瑩露珠、陽光燦爛和環繞鏡頭都有很生動的效果。

▌**表 2-11　畫質數值範例**

解析度	畫面構圖
8K	Editorial Choices
HD	Minimalism
Ultra HD	with Rich Colors
Photorealistic	Cinematic Light
Extremely Detailed	Masterpiece / Winner

▌**表 2-12　其他數值範例**

藝術家	角色形容	動態瞬間
Oscar-Claude Monet	N Years Old	Flying hair
Helen Beatrix Potter	Female / Male	Glitters
William Henry Hunt	Heroine / Hero / Model	Rotate Camera Around
Carne Griffiths	Asian / TW / Kpop	Sunshine Sparkling
Russ Mills	Cute / Cool / Adorable	Slow Motion

Stable Video 對於明確給予藝術家名字的指令－「By」＋「藝術家英文名」，比寫藝術風格或技法表現更好，上一頁表格中僅列舉幾位實測過的藝術家，未列舉的藝術家，如印象派大師們：Vincent Willem van Gogh、Pierre － Auguste Renoir 等，也都能產出其風格。

使用藝術家數值的建議事項：

1. **避免風格過於強烈的藝術家** —— 例如無論場境如何描述，只要帶入梵谷數值，就會出現名畫「星空」的旋渦雲彩，導致無法完整呈現指令。

2. **數位藝術家畫質較佳** —— 數位藝術家的範例未經翻拍，因此解析度較佳；若改用 Tools > Text to Image (SD3) 生成圖片，無論是否為數位藝術家都能有細膩畫質。

3. **指令必須簡潔** —— 當描述過於複雜時，模型會選擇忽略藝術技法，進而產出擬真版圖像，例如：真人版電影彼得兔，而非插畫版彼得兔。

透過 Generate 生成的水彩畫呈現較模糊

透過 Text to Image (SD3) 生成的水彩畫筆觸較細膩

請梵谷繪製太空場景油畫

課堂練習

適合社群格式的短影片

題目

你被臨危授命，急需在 IG 發一則宣傳寢具的概念短片，應該如何活用 Stable Video？

示範

輸出多支 9:16 短影片後，剪輯及配樂。

Slow motion around an adorable female baby angel sleeping on gradient clouds. Soft Colors. Animation Studios. Cinematic quality trailer.

Stable Video 指令範例

Slow motion around an adorable female girl
angel and bunny sleeping on gradient clouds.
Soft Colors. Animation Studios. Cinematic quality
trailer.

2-3 Replicate
AI 模型的 API 萬花筒

Replicate（replicate.com）特色如下：

1. **模型的百貨公司** —— 各種精彩絕倫的文字、圖像、影片、語音、音樂模型一站齊集，不用再辛苦適應各家網站的界面或重新註冊，其中，為數眾多的 Stable Diffusion 微調模型更是遍地開花、創意馳騁。

2. **部分模型試用免登入** —— 即使是不用登入就能試用的模型（Explore > Feature Models），系統還是會透過 Cookie 紀錄，一定數量後無法再繼續使用，此時可以透過清除歷史紀錄、無痕模式，繞過試用的額度限制。

3. **能輸入及調整細節參數** —— 可以輸入風格參考圖、排除不當元素的負面指令、設定尺寸等，不再被限制在只能用文字指令描述。

4. **某些模型消耗試用點數很快** —— 每個模型用不同的硬體設備演算，因此有不同的收費價格，有時在一個模型可以做十幾張圖，換到別的模型，兩三張就用完試用額度，練習時最好先用免登入就能使用的模型。

5. **只能從 GitHub 登入** —— 註冊和多個帳號切換時非常麻煩，要先前往 GitHub，也無法使用其他慣用社群登入，如：Google、Facebook 等。

參考資料及截圖來源
replicate.com
github.com

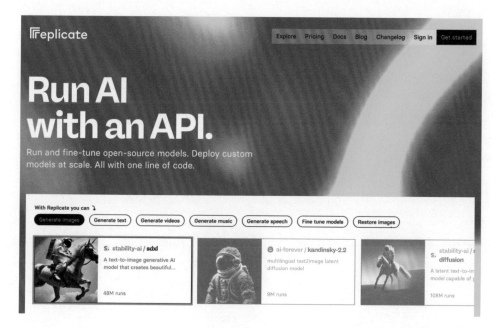

Replicate 首頁

GitHub 登入畫面

Replicate 的大部分模型在指令字數和輸出尺寸上都沒有給予明確的上限數字，但輸入太多字或尺寸過大還是會導致生成失敗；此外，部分可輸入參考圖的模型，輸出尺寸只能與參考圖相同，設定數值卻會被忽略。

以下精選 12 個好用的模型（2024 年 7 月改為須綁卡才能試用），其中，Openjourney 是最廣為人知的 Midjourney 藝術風替代品，但消耗試用額度過快，所以，會另外提供 Proteus Lightning 做練習；SDXL Barbie 和 Dreamshaper XL Turbo 的產出成果都風格獨具，粉嫩或夢幻任君挑選。

Adapter SDXL Lineart、Style Transfer 則能融合或賦予圖片新的呈現效果，推薦試試將 Bing Image Creator 的圖作為結構草圖，再用參考圖或指令描述將其改頭換面，就能瞬間得到構圖生動、質感細膩的佳作。

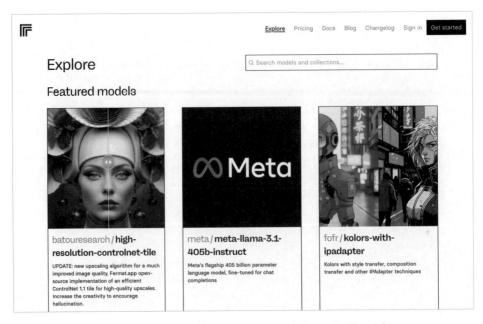

改為「Explore 頁面的 Feature models 可免登入試用」

▌表 2-13 Replicate 功能說明

功能	說明
輸出尺寸	8 的倍數
輸出格式	PNG／MP4／文字
語系支援	英文
數量限制	註冊贈送的試用額度

▌表 2-14 精選推薦模型

模型名稱	功能描述
Openjourney	模擬 Midjourney
Proteus Lightning	模擬 Midjourney
SDXL Barbie	粉紅芭比風
Dreamshaper XL Turbo	夢想塑造者
Adapter SDXL Lineart	線稿轉換
Style Transfer	風格移植
Photomaker Style	卡通換臉
Img2Prompt	圖片解析
Rembg	自動去背
Controlnet Tile	尺寸放大
SDXL App Icons	圖示設計師
Animate Diff	動漫影片繪製

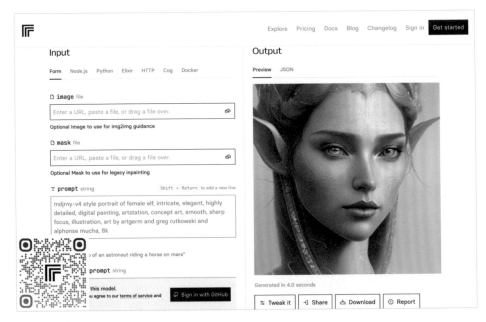

Openjourney 模擬 Midjourney

Openjourney 筆觸柔美

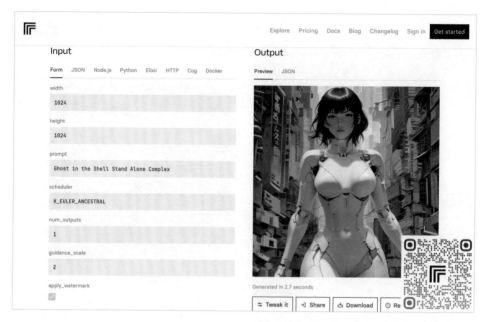

Proteus Lightning 模擬 Midjourney

Proteus Lightning 細膩精緻

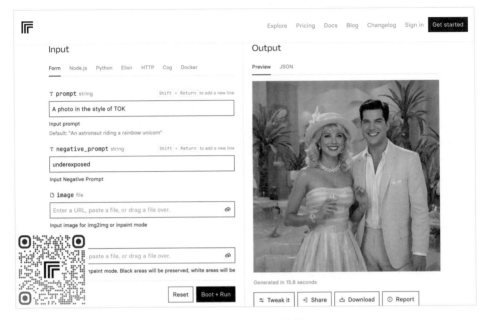

SDXL Barbie 粉紅芭比風

SDXL Barbie 濃到化不開的粉紅色

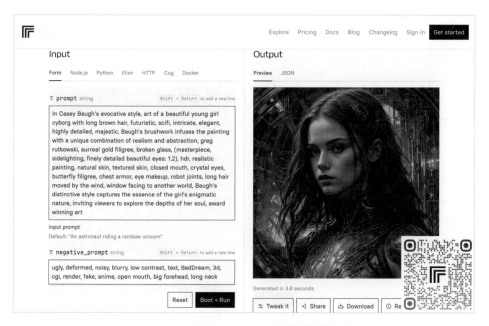

Dreamshaper XL Turbo 夢想塑造者

Dreamshaper XL Turbo 場景如夢似幻

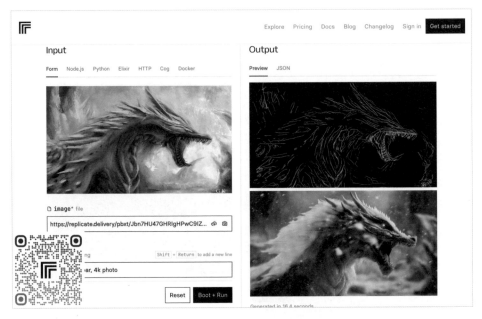

Adapter SDXL Lineart 線稿轉換

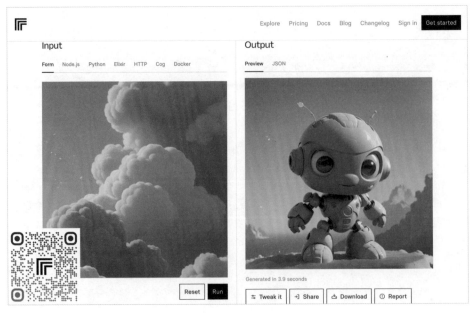

Style Transfer 風格移植

將左圖的風格移植到右圖

Style Transfer 融合藝術風格與動漫結構

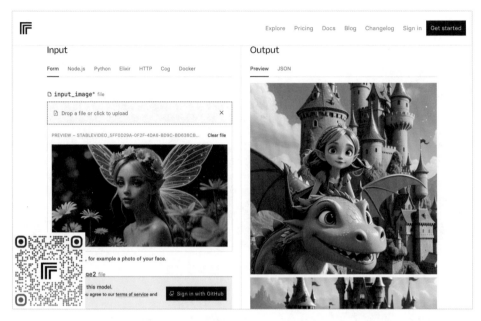

Photomaker Style 卡通換臉

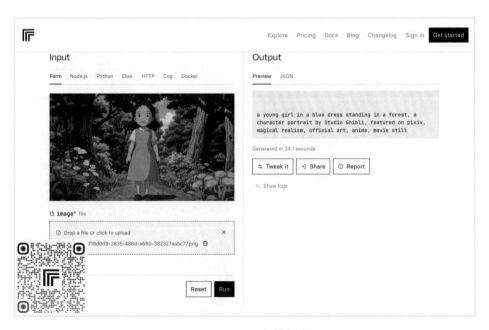

Img2Prompt 圖片解析

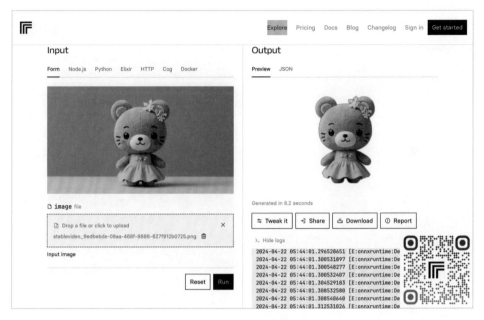

Rembg 自動去背

Controlnet Tile 尺寸放大

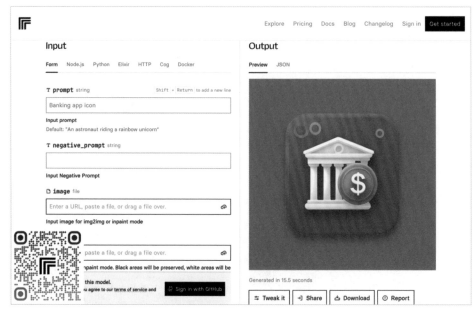

SDXL App Icons 圖示設計師

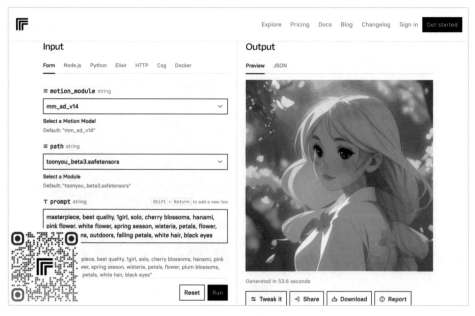

Animate Diff 動漫影片繪製

Playground 可調整的欄位因模型而異，以下列舉較常出現的欄位說明：

1. Image —— 參考圖；作為圖片的結構草圖，圖片輸出尺寸會與參考圖相同。

2. Mask —— 遮罩；可用指令替換白色部分，黑色部分則會保留，可將人物處塗成黑色，輸入指令描述新的背景，或將背景塗黑，下指令替換人物。

3. Prompt —— 文字指令，可透過 Prompt Strength 決定其重要性。

4. Negative Prompt —— 禁止出現的元素，可避免出現可怕或劣質的圖像。

5. Width / Height —— 輸出寬度及高度，尺寸限制依模型而定。

6. Num Outputs —— 輸出圖片的數量。

7. Num Inference Steps —— 生成圖片的步驟數，越高越精緻。

8. Guidance Scale —— 如實呈現指令的程度，越高則較少驚喜與創意。

9. Prompt Strength —— 指令強度，越低越忠實呈現參考圖、忽視指令。

10. Scheduler —— 生成圖像的取樣方式，有多種版本可選擇。

11. Seed —— 從固定編號生成一致的圖像。

12. Examples —— 模型的精選範例，使用前可先行瀏覽與參考指令。

13. Run time and cost —— 生成圖像所需的時間和硬體 (可對照所需費用)。

▌ 表 2-15 Negative Prompt 常用範例

人像		通用	
long neck	cut-off head	underexposed	ugly
open mouth	additional fingers	blurry	noisy
big forehead	facial hair	bad	deformed
extra body parts	connected	worst	low contrast
two-faced	bad structure	text	poor quality

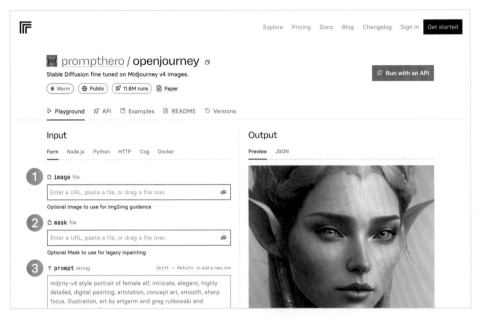

Playground 欄位說明 (1)

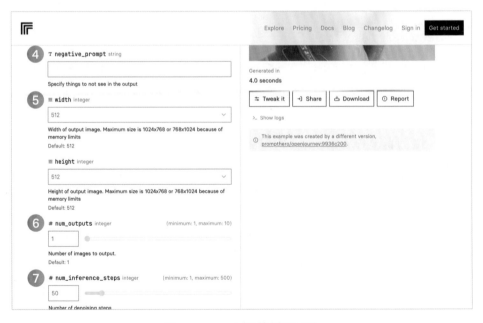

Playground 欄位說明 (2)

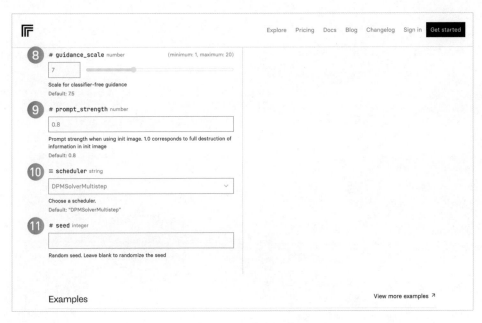

Playground 欄位說明 (3)

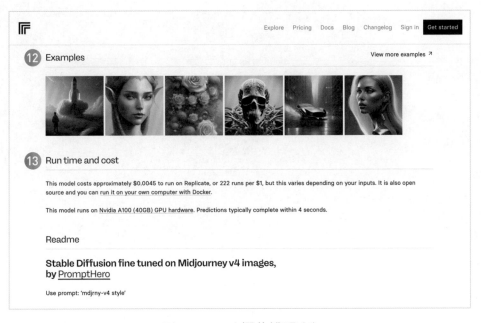

Playground 欄位說明 (4)

Dreamshaper 指令範例

A beautiful and elegant young maiden Spirit of Water with flowing pale aqua hair, Fine facial features, Ultra realistic face, bright blue eyes, In her hair are small shells, a translucent gown made of waves, Her body melds into the water.

Openjourney 指令範例

Portrait of female elf, intricate, elegant, highly detailed, digital painting, artstation, concept art, smooth, sharp focus, illustration, 8k.

SDXL Barbie 指令範例

A painting of a bunch of flowers on a table, a flemish baroque by Rachel Ruysch, flemish baroque, dutch golden age, rococo.

Style Transfer 指令範例

A dragon flying at modern cyberpunk fantasy world. Cinematic Lighting, ethereal light, intricate details, extremely detailed, incredible details, full colored. masterpiece, best quality, aerial view, HDR, UHD, unreal engine, 8k.

Style Transfer 指令範例

Featuring a black long hair girl wears pink kimono and hugs a female minuet kitten, with ginger mixed white color, happy and curious face, amber eyes, wearing a pink ribbon under sakura trees. Brant colors and detailed textures.

課堂練習

選對模型是成功的第一步

題目

花博開幕希望採用視覺強烈、色彩鮮豔的虛擬人物代言，應如何選用模型及輸入指令？

示範

選用前衛感的 Proteus Lightning 模型搭配奇幻藝術風格指令。

A wonderdream fairy lady with butterflies around her, detailed painting, featured on cgsociety, fantasy, artstation hd.

Proteus Lightning 指令範例

"A wonderdream fairy lady with butterflies around her, detailed painting, featured on cgsociety, fantasy, artstation hd.

PART 2

自動化應用實戰

Make 自動化降臨
AI 不再只是 複製貼上

　　AI 透過自動化工具經營社群、創作圖文、文書處理，能大量節省複製貼上和程式語言的學習時間，並經由訓練和微調的反饋，讓 AI 模型能夠產出更符合我們需求的結果。

　　AI 回覆留言範例（非自動化）：

1.　社群平台 > 複製留言。

2.　AI 文案工具 > 貼上留言 > 複製 AI 回覆。

3.　社群平台 > 貼上回覆。

（以上步驟每次有留言都要一直重複循環，回 100 則留言＝ 300 個步驟）

　　AI 回覆留言範例（自動化）：

1.　自動化工具 > 設置場景（一次性）。

2.　自動即時回覆不會有第 2 個步驟，選文回覆才會有第 2 個步驟。

（留言即時自動偵測，回 100 則留言＝ 1 個步驟）

參考資料及截圖來源
www.make.com
www.make.com/en/help
community.make.com

本書的自動化工具選用 Make，Make 是 AI 自動化的好幫手，無程式基礎也零門檻，連結流程圖就能完工，相較於另一個也廣為人知的自動化工具 Zapier，Make 應用程式資源較多，如：Line 和 Stability 等都能直接使用。

Make 特色：

1. 每月更新的免費試用額度。

2. 社群討論、說明中心、入門教程、情境範例、客服支援等各種豐富資源。

3. 圖像化介面及多元的應用程式。

Gemini 無法在歐洲地區使用，務必將「Hosting Region」設為「US」，註冊後無法更換組織地區；只能透過 Profile 新增組織後，更改免費方案到另外一個組織，且在當月完全未使用的情況下才能進行此操作。

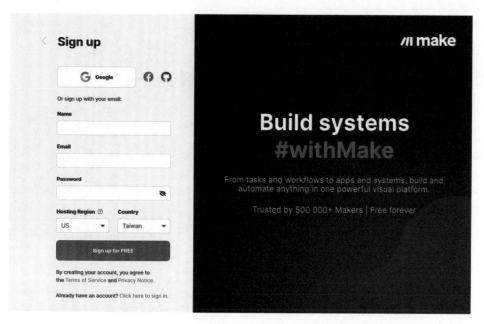

Make 註冊時 Hosting Region 必須選 US 才能使用 Gemini

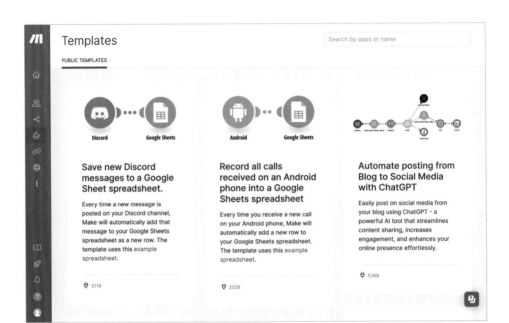

Make 情境範例

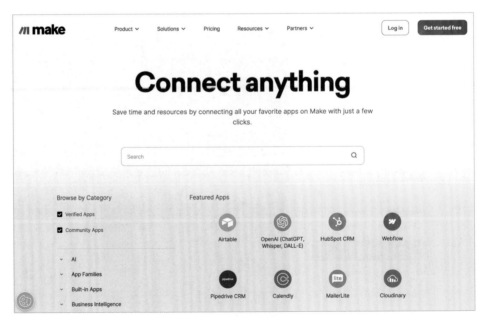

Make 應用程式

Make 提供每月更新的免費試用額度，計算依據包含運行中場景、操作數量和資料傳輸量，其中最容易爆表的就是操作數量，所以，如何節省操作數量就是 Make 初學者最重要的功課。

Make 試用限制

試用限制	每月數量
運行中場景	2 個
未運行場景	不限數量
操作數量	1000 個 / 月
資料傳輸量	513MB / 月
免費方案組織數	1 個

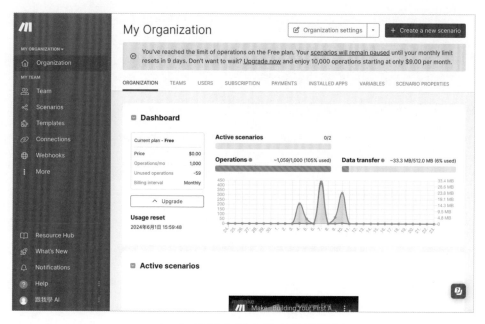

Make 每月試用額度使用狀況範例

　　Make 所有的操作都在場景中進行，我們首先來建立第一個場景，從左側選單中的「Scenarios」前往場景列表，場景列表主要擔負的任務是搜尋、分類、複製、刪除及建立場景，點擊「Create a New Scenario」建立新場景後，畫面跳轉到場景編輯介面，第一次創建場景會有貼心的「Get Sarted」教學導覽畫面。

　　Make 場景編輯介面說明：

1.　New scenario —— 場景名稱，可點擊輸入新名稱。

2.　Run Once —— 單次運行場景，主要在測試時使用。

3.　ON / OFF —— 啟用排程自動運行。

4.　Schedule Setting —— 排程設定，可設定多種間隔時間的不同運行方式。

5.　Save —— 儲存場景。

6.　Scenario Settings —— 場景設定，可於 Max number of cycles 預先設定自動運行時最多執行場景的次數，避免操作數消耗過多。

7.　Notes —— 模組備註，可自行輸入一些小筆記。

8.　Auto Align —— 模組自動對齊。

9.　Explain Flow —— 動畫方式說明流程。

10.　Export Blueprint —— 將場景匯出成 JSON 檔案保存。

11.　Import Blueprint —— 將匯出的 JSON 檔案匯入場景。

12.　Previous Version —— 恢復之前儲存的版本，Make 無法透過上一步、下一步恢復操作，時常儲存很重要。

13.　Flow Control —— 流程控制，常用模組：Repeater 重複步驟。

14.　Tools —— 內建工具，常用模組：Basic Trigger 基本偵測、Sleep 延遲。

15.　Text Parser —— 文字解析，常用模組：Replace 取代文字。

16.　Add Favorites —— 將常用模組加入最愛。

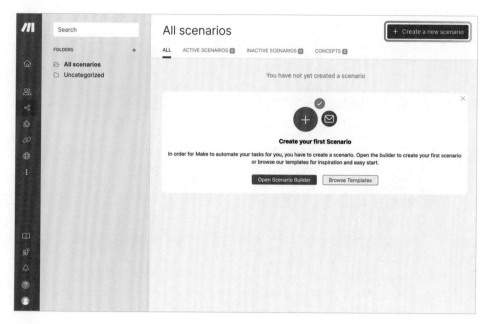

Make 場景列表介面

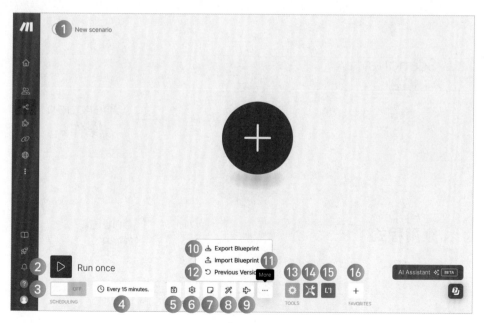

Make 場景編輯介面

Scheduling 排程區塊設定

設定數值	中文釋義
ON / OFF	啟用排程自動運行
On Demand	搭配 Run Once 運行
Once	設定單次運行日期時間
At regular intervals	最短間隔每 15 分鐘運行
Everyday	設定每日運行時間
Specified Dates	於特定日期時間運行
Days of the Week	每週特定日期時間
Days of the Month	每月特定日期時間

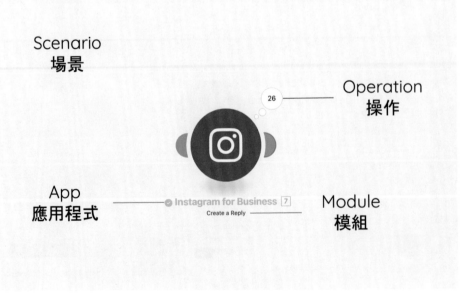

Make 常用名詞圖解

AI 自動化優點

1. **一次性設置取代迴圈式複製貼上** —— 雖然要先花時間學習和建置場景，回覆 1 則留言時感覺花費更多時間，但回覆 100 則留言就是巨大的時間節省。

2. **規格化品質輸出** —— 避免人為錯誤和團隊個體差異，輸出的成果能擁有穩定的品牌風格。

3. 減少工程師人力或外包費用。

AI 自動化缺點

1. 首次建置場景的學習時間。

2. **需要人工檢查** ——AI 機率性出錯或某個環節問題導致場景運行停止，如：AI 判斷有安全性字詞疑慮未生成回覆、回覆中加入不需要的標題等（可透過範例微調和錯誤處理解決）。

3. 試用額度用完後的額外費用。

CHAPTER 3

IG 社群小編

網紅流量創造者

有靈魂的回覆和風格化貼文

將在本章學到:

1. 10 個自動化實例 (資源下載 Blueprint)。

2. 9 個平台和應用程式。

3. IG 多樣回覆方式 (自動偵測、指定貼文)。

4. Gemini 親切貼圖問候。

5. OpenAI 試用頻率限制解決方案。

6. Gemini 從關鍵字建立 IG 貼文文案。

7. Stability AI 生成圖片。

8. IG 多圖輪播貼文。

9. Google Sheets 製作 IG 貼文預檢表格。

10. IG 貼文預排發文。

11. Google AI Studio 製作微調模型。

3-1 生動的留言回覆
AI 多樣又親切的 問候

經營社群帳號時，往往有堆積成山的留言，要如何回覆得有誠意、增加黏度一向是小編的課題；本節以粉絲破萬的 IG 網美貓作為應用範例，每天要回覆 100 則來自各國貓友的留言，貓友留言大都重複、簡短或只有貼圖，除了英文是主要交流語言，有時還會冒出德文、印度文等各國語言，如果也只用幾個貼圖、一句問候交差了事，對於回訪率沒有任何幫助。

當我們有了 AI，一切都不一樣了！回覆不但包含了寵物流行用語，還知道加入可愛的貼圖應對，外語單字也難不倒 AI，還能針對某個貓友客製回覆或稱呼，讓小編馬上升級主管，只要輕鬆覆核回覆有沒有出錯就好。

本節將介紹 —— IG 留言即時回覆（Gemini）、IG 留言指定貼文回覆（Gemini）、IG 留言指定貼文回覆（OpenAI），應用程式和平台包含 Instagram、Gemini（Google AI Studio）、HTTP、Flow Control、Open AI（OpenAI）、Tools，將各種留言回覆情境一網打盡。

參考資料及截圖來源
www.make.com
instagram.com
aistudio.google.com
platform.openai.com

寵物網美 IG 示範帳號

國際貓友留言範例

表 3-1　自動留言回應範例

IG 留言	Gemini 回應
Mimosa ☀️💞🐱🍎🧺🖤🌺	Aww, you've made my tail wag with joy! Your positivity always brings a smile to my face! 🖤🤍🖤
You're so beautiful 🖤💝🖤🖤🖤🖤	My dear bestie, I'm blushing! Your love and support mean the world to me! Thank you for making me like the luckiest kitty in the world. Sending purrs and headbutts! 🐱
Happy purrsday sweetie 🐼🐼	My sweetest friend! Your love and support always makes my day purrfect! 🐼🐱🌀☀️
🐵🐱🖤🖤🖤	Oh my bestie, your comments like a warm hug on a cold day! I'm sending you extra love and cuddles! 🩶
Aww you're the prettiest 🖤🌸🖤🌸🖤	My dear friend, your sweet words are like honey to my ears. Thank you for the adorable compliments. Your encouragement means the world to me! 🌸🏵️🌿

IG 商業帳號串聯 FB 帳號（以手機 Instagram APP 新增之帳號為例）：

1. 登入 Instagram > 右上角選單 > 設定和隱私。

2. 帳號管理中心 > 在各個個人檔案間分享內容 > 新增帳號 > 新增 Facebook 帳號 > 繼續 > 新增。

3. 在各個個人檔案間分享內容 > 分享來源 > 已串聯的 Facebook 帳號。

綁定 FB 粉專與 IG 商業帳號：

1. 登入 Facebook > 切換為粉絲專頁 > 設定。

2. 設定和隱私 > 已連結的帳號。

3. Instagram > 查看 > 連結帳號 > 連結 > 確認。

4. 使用 Instagram 帳號登入 Facebook Interfaces。

5. 新增到你的商家資產管理組合 > 繼續。

串聯 Facebook 帳號

綁定 Facebook 粉絲專頁 (1)

綁定 Facebook 粉絲專頁 (2)

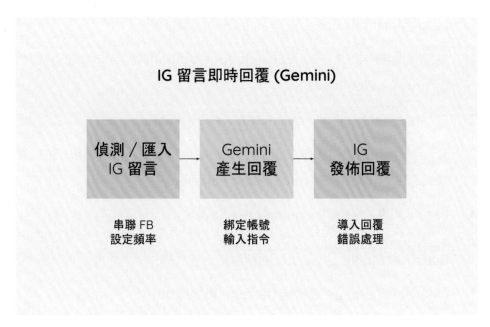

IG 留言即時回覆 (Gemini) 流程

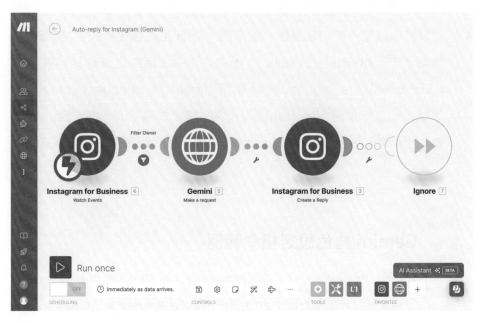

IG 留言即時回覆 (Gemini) 場景

Instagram for Business — Watch Events 留言偵測：

1. 點擊場景正中央的「＋」> Search apps or modules > Instagram for Business > Watch Events。

2. Create a webhook > Create a connection > Save。

3. 登入 FB > 勾選帳號粉專 > 允許 Meta 權限；「允許 Meta 權限」後的成功訊息為「你現在已將 Make 連結到 Facebook」。

4. Page > 粉專 / Event > Comments > Save。

Google AI Studio — Get Code 複製指令程式碼：

1. Create new prompt 或掃描 QR code 複製指令。

2. Model > Gemini 1.5 Flash > 輸入角色設定指令及範例。

3. Save > Get Code > Javascript > parts = [複製 ,];。

4. 複製時需注意不要包含最後一個逗號，每個 text 需用引號 "" 包裹，將其貼入 {"contents": [{"parts": [貼上]}]} 中備用；之後的範例在透過 HTTP — Make a Request 模組使用 Gemini 時，Request content 中的程式碼會均會用 {"contents"} 代表；除了透過 Google AI Studio 生成，也可從「資源下載」的 Blueprint 匯入場景、複製模組中的程式碼。

66 Gemini 角色設定指令範例

You're an IG kitty account owner. Reply the comment in a creative, varied and friendly way like a close friend, with a lovely sticker. 99

Watch Events 留言偵測

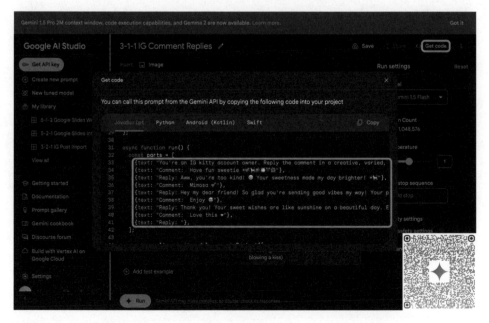

從 Google AI Studio 複製 Javascript 中的內容

HTTP — Make a Request 產生回覆：

1. 場景任意處按右鍵 > Add a module > HTTP > Make a request。

2. URL > https://generativelanguage.googleapis.com/v1beta/models/ gemini-1.5-flash-latest:generateContent?key=Your API Key（換成自己的 API Key，可從 Google AI Studio > Get API Key 取得）。

3. Method > POST，Body Type > RAW，Content type > JSON。

4. Request content > {"contents"}；將從「Google AI Studio — Get Code 複製指令程式碼」步驟中複製及修改備用的程式碼貼入。

5. 最後一個 "text": "Comment: " 改為 "text": "Comment: Text （非手動輸入，需從右方的 Mapping 視窗中，選擇 Instagram for Business — Watch for Events > Text）"。

6. Parse response > Yes。

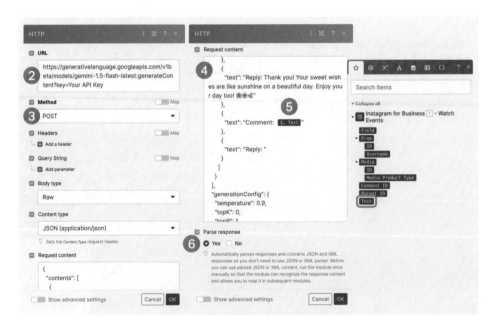

Make a Request 產生回覆

產生回覆 Request content 數值

```
{
  "contents": [
   {
    "parts": [
     {
      "text": "You're an IG kitty account owner. Reply the comment in
a creative, varied, thankful and friendly way like a close friend, with a
lovely sticker. No name of sticker."
     },
     {
      "text": "Comment:  Have fun sweetie 🌿 💞 🐱 🍎 🍯 ♥ 🌺"
     },
     {
      "text": "Reply: Aww, you're too kind! 😊 Your sweetness made my
day brighter! ☀ 🐱"
     },
     {
      "text": "Comment:  Mimosa 💕"
     },
     {
      "text": "Reply: Hey my dear friend! So glad that you're sending
good vibes my way! Your positivity always brings a big smile to my
face! 🌸 💕"
     },
```

產生回覆 Request content 數值
| ```
    {
      "text": "Comment:  Enjoy 😍"
    },
    {
      "text": "Reply: Thank you! Your sweet wishes are like sunshine on a beautiful day. Enjoy your day too! 🌸 ❀ 🌿"
    },
    {
      "text": "Comment: text"
    },
    {
      "text": "Reply: "
    }
    ]
  }
],
"generationConfig": {
  "temperature": 0.9,
  "topK": 0,
  "topP": 1,
  "maxOutputTokens": 2048,
  "stopSequences": []
}
}
``` |
```

Filter －過濾自己的留言和廣告留言：

1. Watch events 和 Make a request 的連結線 > 右鍵 > Set up a filter。

2. Condition > `From: Username` （Mapping > Instagram for Business －
Watch for Events）Not equal to（case insensitive）> 自己的帳號 and
`Text`（Mapping > Instagram for Business － Watch for Events）> Doesn't
contain（case insensitive）> 廣告詞（如：promote）。

透過 Mapping 視窗填選（非輸入）的欄位都會用粗體搭配該模組顏色呈
現，請在練習時對照選取，之後只會用顏色標記，不會再補充說明；Make
某些模組的輸出欄位，即使未運行過也能讓下一個步驟模組填選，但某些必
須先運行過一次才能產生欄位，在 Create a Reply 填入 Gemini 的回覆前，
必須先試運行一次 Make a request，取得輸出欄位後才能填入。

過濾自己的留言和廣告留言

Instagram for Business — Create a Reply 發佈回覆：

1. 對 Make a Request 的模組按右鍵 > Run this Module only > Instagram for Business — Watch Events > Text > 輸入模擬留言（產生回應輸出欄位 Data.candidates[ ]: content.parts[ ]: text）。

2. 右鍵 > Add a module > Instagram for Business > Create a Reply。

3. Comment ID > From: ID。

4. Message > Data.candidates[ ]: content.parts[ ]: text。

Error Handler — 略過錯誤操作（避免 Gemini 未回覆導致流程停擺）：

1. Create a Reply > 右鍵 > Add error handler > Ignore。

2. Gemini 可能誤判安全性字詞而停止回覆，令 Create a Reply 無法得到回覆，而導致自動運行停擺，設置 Ignore 可忽略錯誤、繼續後續操作。

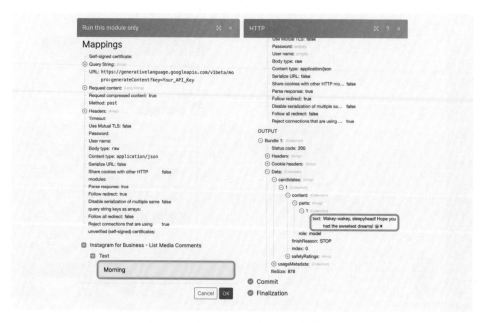

Run this Module only 產生回應輸出欄位

Create a Reply 發佈回覆

略過錯誤操作

Filter ─ 過濾無內容回覆（避免 Gemini 未回覆導致流程停擺）：

1. Make a request 和 Create a Reply 連結線 > 右鍵 > Set up a filter。

2. Condition > Data.candidates[ ]: content.parts[ ]: text > Exists。

新增好第一個場景後，按左上方場景名稱前的返回鍵，會來到場景資訊畫面，能檢視場景的狀態及歷史紀錄等重要資訊。

Make 場景資訊介面說明：

1. ON / OFF── 自動運行場景的開關，開啟場景運行開關後，會自動完成在佇列中的操作。

2. Edit── 前往場景編輯頁面。

3. Options── 下拉選單中包含排程、重新命名場景、複製場景、刪除場景。

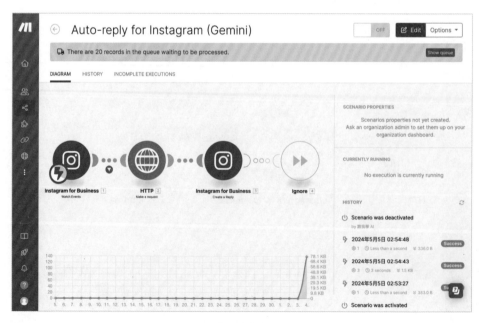

Make 場景資訊介面

4. Show Queue —— 顯示正等待進行的操作佇列。

5. Diagram —— 場景的概略資訊（包含當月用量）。

6. History —— 場景的所有歷史紀錄。

7. Details —— 點擊 History 可瀏覽單筆歷史紀錄的操作明細，可以在此
   檢查哪些回覆有錯誤、需要刪除。

8. Incomplete Executions —— 未完成的操作。

　　IG 留言即時回覆場景的優點在於運行中可以隨時立刻回覆，缺點在於
難以監控用量和檢查錯誤；IG 留言指定貼文回覆場景可以只回應某個時間
點或特定貼文的留言，把操作數用在刀口上，針對需要特別宣傳的貼文回
覆，若要更改選擇指定貼文的方式必須多新增一組 Facebook 粉絲專頁和
IG 帳號的 Connection，切換過程中才能重選。

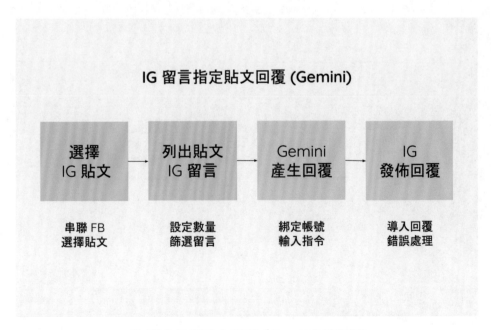

IG 留言指定貼文回覆（Gemini）流程圖

Instagram for Business 一 Watch Media 選擇貼文：

1. ＋ > Search apps or modules > Instagram for Business > Watch Media。

2. Connection > 選擇之前已串聯的帳號。

3. Limit > 最多幾篇貼文 > OK，選擇起始貼文（全部、時間、特定文章）。

Instagram for Business 一 List Media Comments 列出留言：

1. 場景任意處按右鍵 > Add a module > Instagram for Business > List Media Comments。

2. Connection > 選擇之前已串聯的帳號。

3. Media ID > Media ID。

4. Limit > 每篇貼文最多回覆數量。

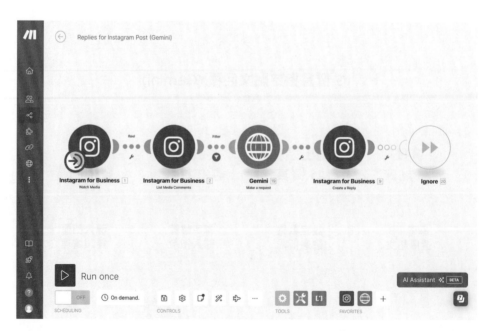

IG 留言指定貼文回覆（Gemini）場景

Watch Media 選擇貼文

List Media Comments 列出留言

課堂練習

閃避試用頻率限制

題目

請嘗試用學到的工具，改用 OpenAI 回覆 IG 留言。

說明

OpenAI 可以直接取用 Make 建立好的應用程式，不用自己辛苦地複製程式碼，但會遇到兩個問題：

1. 每分鐘最多呼叫 3 次的免費試用頻率限制。

2. 雖無明確公告，但 OpenAI 可能已於 2024 年 3 月停止提供 5 美金的試用額度。

綁定 OpenAI 帳號：

1. OpenAI Platform（platform.openai.com）> 登入 > API Keys > Start Verification > 手機驗證。

2. Create secret key > 複製 Secret Key。

3. Settings > Organization > General > 複製 Organization ID。

OpenAI － Create a Completion 產生回覆：

1. 右鍵 > Add a module > OpenAI > Create a Completion。

2. Connection > API Key > Organization ID。

3. Model > gpt-3.5-turbo。

4. Messages > Role：System > Message Content，Role: User > Message Content。

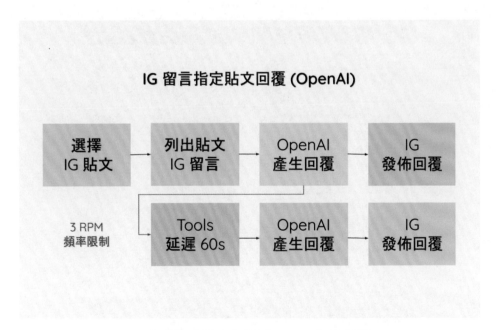

IG 留言指定貼文回覆（OpenAI）流程圖

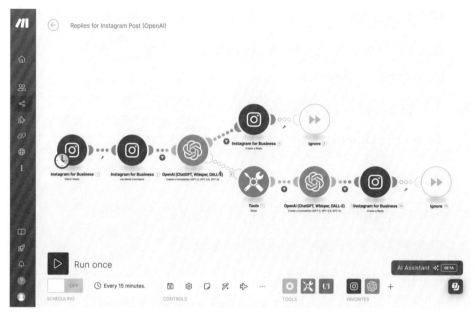

IG 留言指定貼文回覆（OpenAI）場景

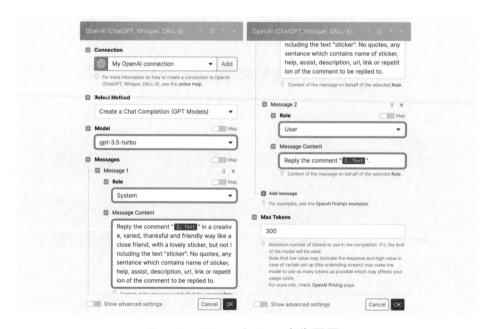

Create a Completion 產生回覆

Instagram for Business － Create a Reply 發佈回覆：

1. 右鍵 > Add a module > Instagram for Business > Create a Reply。

2. Comment ID > From: ID 。

3. Message > Choices[] Message: Content 。

Tools － Sleep 延遲操作 (OpenAI 3 RPM 限制)：

1. Create a Completion > 右鍵 > Add error handler > Add a module > Tools > Sleep。

2. Delay > 60 秒 (當 OpenAI 罷工時，延遲到復工為止再回下一個留言)。

3. 對 List Media Comments 和 Create a Completion 的連接線 > 右鍵 > Select whole branch > Copy Modules（複製連接線後的所有模組）> Paste > 連接在 Sleep 後。

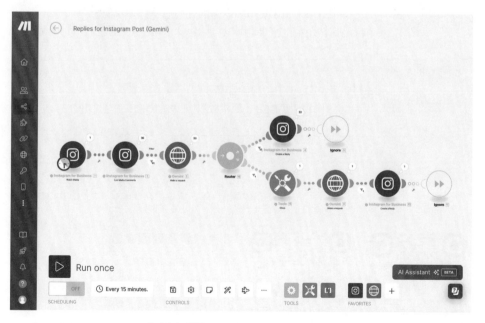

Gemini 15 RPM 不會判定錯誤，改過濾分流 Status Code 非 200 操作

3-2 光速主題貼文
透過 關鍵字 產生 AI 圖文

本節介紹 —— 從關鍵字建立 IG 貼文、Stable Diffusion 3.0 最新圖片模型、IG 多圖輪播貼文,應用程式和平台包含 Tools、Gemini、HTTP、Stability AI、Dropbox、Instagram、Stable Diffusion 3、Flow Control;只要打幾個關鍵字,就能自動根據過往範例生成圖文並茂的貼文。

▍表 3-2 從關鍵字建立 IG 貼文文案範例

關鍵字	貼文文案
outdoors	Kitty's happy hangout 🏁 🚙 🐈 2024.02.18 #meow #gingercat #catlife #cutecat #takeyourcatoutside
Sakura	Meet kitty in hanami season 🖤 🌸 🐈 2024.03.24 #sprimg #gingercat #catlife #adorable #sakura

參考資料及截圖來源
www.make.com
instagram.com
aistudio.google.com
platform.stability.ai

從關鍵字建立 IG 輪播貼文範例 (1)

從關鍵字建立 IG 輪播貼文範例 (2)

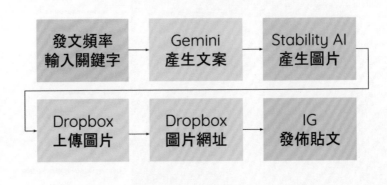

從關鍵字建立 IG 貼文（Gemini）流程圖

從關鍵字建立 IG 貼文（Gemini）場景

Tools — Basic Trigger 輸入貼文關鍵字：

1. Tools > Basic Trigger。

2. 左下方時鐘圖示 > Schedule setting > 設定發文頻率。

3. Bundles > Add Item。

4. Items > Add Item > Name > 設定欲取代的文案和繪圖指令關鍵字名稱，Value > 輸入這篇貼文欲使用的文案和繪圖指令關鍵字。

HTTP — Make a Request Gemini 產生貼文文案：

1. 場景任意處按右鍵 > Add a module > HTTP > Make a request。

2. URL > https://generativelanguage.googleapis.com/v1beta/models/gemini-1.5-flash-latest:generateContent?key=Your API Key。

3. Method > POST，Body Type > RAW，Content type > JSON。

4. Google AI Studio > 用關鍵字（Input）和貼文文案（Output）建立指令 > Get Code > Javascript > parts = [複製 ,];。

5. Request content > 上一步驟複製的程式碼不要包含最後一個逗號，每個 text 用引號 "" 包裹，貼入 {"contents": [{"parts": [貼上]}]} 中。

6. Request content 中的首個 "text":（角色設定）輸入 Current date is > 點擊其後的空白處 > Mapping 視窗中的日曆圖示 > Functions > 選取底端的 formateDate。

7. formatDate(;) > ; 分號前選取 Mapping 視窗中的 Variables > now , ; 分號後輸入 YYYY.MM.DD，顯示為 formatDate(now ; YYYY.MM.DD) ; 如果沒有加入這項日期格式功能，Gemini 無根據指令產生今天日期，YYYY.MM.DD 為日期格式，如：2025.03.04。

8. {"contents"} 中最後一個 "text": "Keyword: " 改為 "text": "Keyword: Keyword"。

Basic Trigger 輸入貼文關鍵字

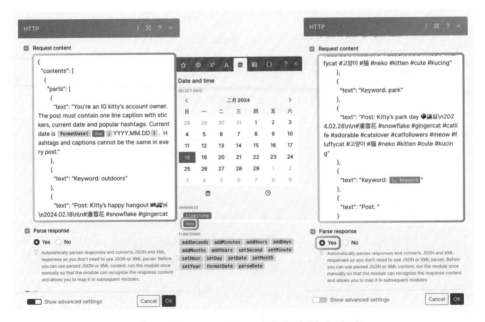

Make a Request　Gemini 產生貼文文案

Stability AI Developer Platform 一取得 API Key 及 Organization ID：

1. Stability AI Developer Platform（platform.stability.ai）> Login。

2. 頭像 > View your account page > API Keys > Copy to clipboard。

3. 點擊左方選單的 Account > 複製帳號下方的 Organization ID。

Stability AI 一 Generate an Image from Text 產生圖片：

1. 畫面任意處按右鍵 > Add a module > Stability AI > Generate an Image from Text。

2. Create a connection > 貼上複製的 API Keys 及 Organization ID。

3. Engine > Stable Diffusion XL v1.0。

4. Text Prompts > 輸入 Prompt Text，Prompt Weight 1.0。

5. Image Height > 1024，Image Width > 1024。

Generate an Image from Text 產生圖片

由於 IG 貼文中的圖片要用網址的形式提供給模組，所以必須將生成的圖片上傳到 Dropbox 取得網址（Google 雲端上傳應用程式需綁卡才能使用）。

Dropbox 註冊帳號作為 IG 貼文圖片的雲端空間：

1. 前往 Dropbox（www.dropbox.com）> 註冊 / 登入。

2. 方案選擇 > 繼續使用 2 GB 的 Dropbox Basic 方案 > 開始使用。

Dropbox － Upload a File 上傳圖片：

1. 畫面任意處按右鍵 > Add a module > Dropbox > Upload a File。

2. Create a connection > Save > 登入 Dropbox > 允許 Make 授權。

3. File > Stability AI── Generate an Image from Text 自動帶入（也可以選 Map 重新命名圖檔）。

Upload a File 上傳圖片

Dropbox － Create a Link 產生圖片網址：

1. 畫面任意處按右鍵 > Add a module > Dropbox > Create a Link。

2. Connection > 選擇之前已串聯的帳號。

3. Way of selecting files > Map a file / folder path。

4. File Path > Path Display。

Instagram for Business － Create a Photo Post 發佈貼文（單圖）：

1. Add a module > Instagram for Business > Create a Photo Post。

2. Connection & Page > 選擇已串聯的帳號 & 粉專。

3. Photo URL > replace(url ; dl=0 ; raw=1)；Dropbox 分享連結需將 dl=0 取代為 raw=1 才能呈現。

4. Caption > data.candidates[ ]. content.parts[ ]. text。

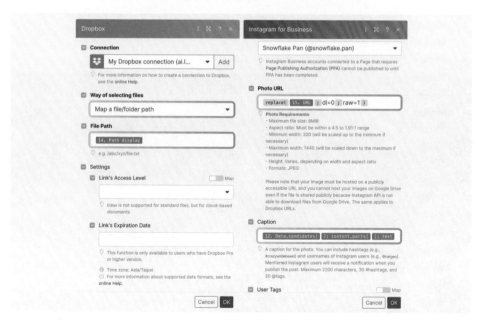

Create a Link 圖片網址 // Create a Photo Post 發佈貼文

Stable Diffusion 3.0（SD3）目前只能透過 HTTP 的方式串接顯示，無法從 Stabiility AI 的模組中直接選用，Stabiility AI 能選用的最新模型為 Stable Diffusion XL v1.0（SDXL1.0）。

SD3 的圖片效果逼真且細膩，但消耗的點數非常多，3 張圖就幾乎用掉所有試用額度，測試時要慎用。

表 3-3 Stability Credit 價格對照

描述	Credit
註冊贈送	+25
SDXL1.0 圖片	-0.2~0.6 / 張
SD3 圖片	-6.5 / 張
SD3 影片	-20 / 部

SDXL 1.0 圖片範例 // SD3 圖片範例

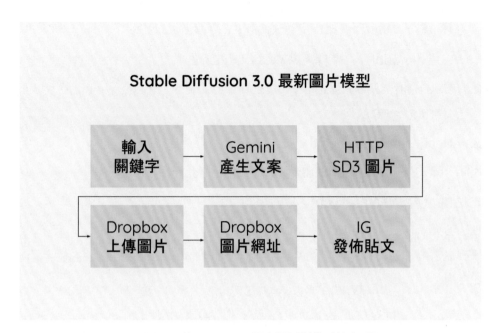

Stable Diffusion 3.0 最新圖片模型流程圖

Stable Diffusion 3.0 最新圖片模型場景

HTTP — Make a Request — Stable Diffusion 3 圖片：

1. Add a module > HTTP > Make a request。

2. URL > https://api.stability.ai/v2beta/stable — image/generate/sd3，Method > POST。

3. Headers > Add a header。

4. Item 1 > Name: authorization，Value: Bearer API Keys。

5. Item 2 > Name: accept，Value: image/*。

6. Body Type > Multipart/form — data。

7. Fields > Add item。

8. Item 1 > Field type: Text，Key: mode，Value: text‑to‑image。

9. Item 2 > Field type: Text，Key: prompt，Value: Ginger mixed white kitten wearing wearing happily in a scence scene. Rilakkuma and

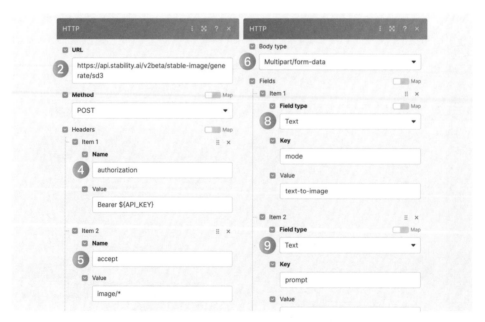

從關鍵字建立 IG 貼文（SD3）流程圖

Kaoru Stop — Motion Animation Series。

10. Item 3 > Field type: Text，Key: aspect_ratio，Value: 1:1。

11. Item 4 > Field type: Text，Key: output_format，Value: png。

12. Item 5 > Field type: Text，Key: model，Value: sd3。

Stability AI 除了能生成高質感的圖片，也能用圖片生成影片，但產生的影片只有 4 秒，不符合 IG Reels 15 秒的建議長度，還需要另外剪輯和配樂，不適合透過自動流程發佈。

Make 的 Stability AI 雖然有 Number of Samples 能修改生成圖片的數量，但實測會出現錯誤，可於 HTTP — Make a Request 的 Fields 加入 samples，完成多圖輸出心願（適用於 SDXL1.0，SD3 未提供此欄位）。

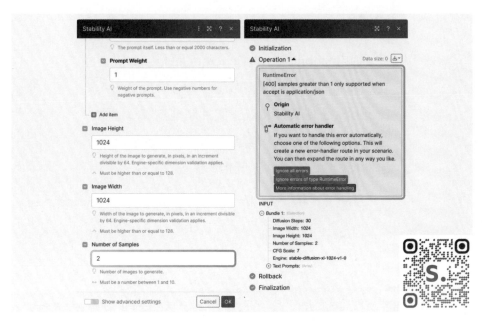

Stability AI 無法順利輸出兩張圖片

課堂練習

節省步驟數的場景規劃

題目

如何運用自動化工具，透過 Stability AI 生成 IG 多圖輪播貼文？

說明

採用 Stability AI 的 Generate an Image from Text 模組的方式生成多張圖片，必須重複加入 Dropbox 上傳圖片和產生圖片網址步驟，這樣會導致場景複雜化，建議可嘗試用 Repeater 搭配 Array Aggregator 來簡化步驟。

IG 多圖輪播貼文流程圖

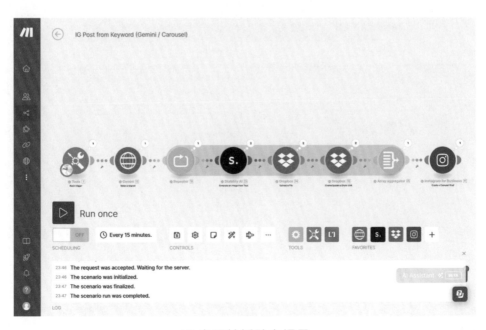

IG 多圖輪播貼文場景

Flow Control — Repeater 重複產生圖片：

1. Flow Control > Repeater。

2. Repeats > 輸入希望產生的輪播圖片數量。

3. Show Advanced Settings。

4. Step > 3。

Flow Control — Array Aggregator 解析多個圖片網址：

1. Flow Control > Array Aggregator。

2. Source Module > Repeater。

3. Target Structure Type > Instagram for Business — Create a Carousel Post。

4. Files > Media Type: Image，Photo URL: URL。

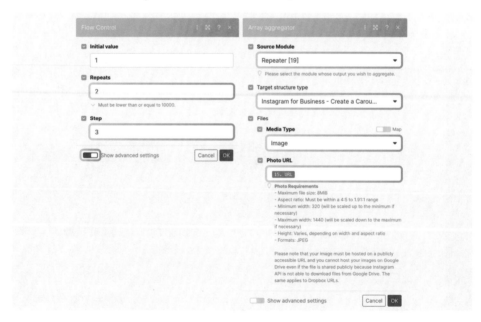

Repeater 重複產生圖片 // Array Aggregator 解析多個圖片網址

Instagram for Business － Create a Carousel Post IG 多圖輪播貼文：

1. Add a module > Instagram for Business > Create a Carousel Post。

2. Connection & Page > 選擇已串聯的帳號 & 粉專。

3. Files > Add item。

4. Item 1 > Media Type: Image，Photo URL: replace(Array[1].image_url ; dl=0 ; raw=1)。

5. Item 2 > Media Type: Image，Photo URL: replace(Array[2].image_url ; dl=0 ; raw=1)。

6. Caption > data.candidates[ ]. content.parts[ ]. text。

Array[1].image_url 和 Array[2].image_url 中的數字代表第幾張圖片的網址，輪播數量上限為 10 張。

Create a Carousel Post IG 多圖輪播貼文

3-3 進擊的社群品牌

預檢預排 全自動 熱門貼文

本節介紹 —— 製作 IG 貼文預檢表格、IG 貼文預排發文、製作 IG 貼文微調模型、使用 IG 貼文微調模型，應用程式和平台包含 Gemini、HTTP、Flow Control、Google Sheets、Google AI Studio。

由於 AI 文案和製圖品質還是有高高低低的問題，直接發佈出去會存在風險，更為縝密的做法是將製作好的貼文預存到表格，根據人工評等（Ratimg）排序後，再安排時間自動發佈。

此外，本節的起始步驟不用再輸入關鍵字，改為輸入欲產生的貼文數量（top），再由 Gemini 搜尋同類型熱門帳號的貼文關鍵字，根據熱門關鍵字製作貼文，完善實踐自動化的心願。

最後，我們將運用歷史貼文表格於 Google AI Studio 製作微調模型，所生成的貼文能最大程度地展現品牌精神，將 AI 徹底擬人化。

參考資料及截圖來源
www.make.com
aistudio.google.com
docs.google.com

IG 貼文預檢表格範例

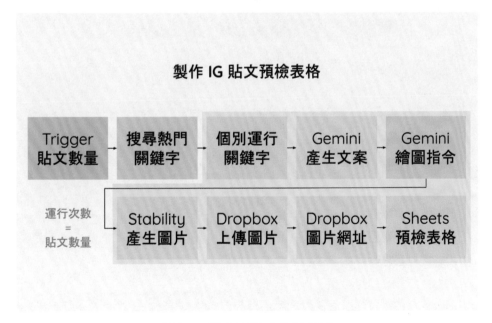

製作 IG 貼文預檢表格流程圖

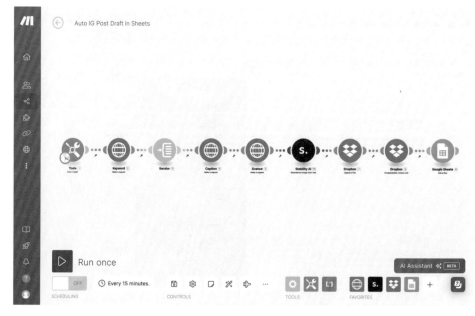

製作 IG 貼文預檢表格場景

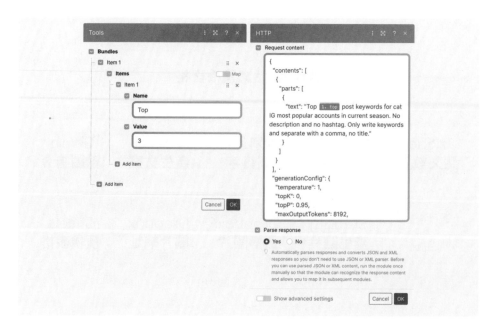

Basic Trigger 預存貼文數量 // Make a Request 搜尋熱門關鍵字

66 Gemini 搜尋熱門關鍵字指令範例

Top top post keywords for cat IG accounts. No description and hashtag. Only keywords. Separate every keyword with a comma, no title.

99

Flow Control — Iterator 個別運行關鍵字生成多篇圖文:

1. Flow Control > Iterator。

2. Array > split(data.candidates[ ].content.parts[ ].text ; ,);將用逗點隔開的關鍵字分開運行後續步驟。

Iterator 個別運行關鍵字生成多篇圖文

" Gemini 從文案產生繪圖指令範例

Write a Stable Diffusion image prompt scene from data.candidates[ ].content.parts[ ].text. Featured a ginger mixed white kitty with happy face. No explanation. "

Google Sheets 一建立預檢試算表格式：

1. 登入 Google 帳號 > Google 試算表 > 建立試算表。

2. 輸入標題 Keyword、Caption、Image URL、Rating、Posted。

3. Rating 第二行 > 插入 > 智慧型方塊 > 評分；排序較佳的貼文優先發佈。

4. Posted 第二行 > 插入 > 核取方塊；用於標記已發佈的貼文。

Google Sheets — Add a row 預存多篇貼文到預檢表格：

1. Google Sheets > Add a row。

2. Connection > 登入 Google 帳號。

3. Choose a Method > Select by Path。

4. Choose a Drive > My Drive。

5. 輸入 Spreadsheet ID & Spreadsheet Name。

6. Table contains headers > Yes。

7. Values > A：value，B：data.candidates[ ].content.parts[ ].text，C：replace(url ; dl=0 ; raw=1)，D：=IMAGE(" replace(url ; dl=0 ; raw=1)")；在 =IMAGE("") 輸入圖片網址能在 Google Sheets 儲存格插入圖片，Values B（Gemini 文案）和 C（Stability AI 圖片網址）為必填。

Add a row 預存多篇貼文到預檢表格

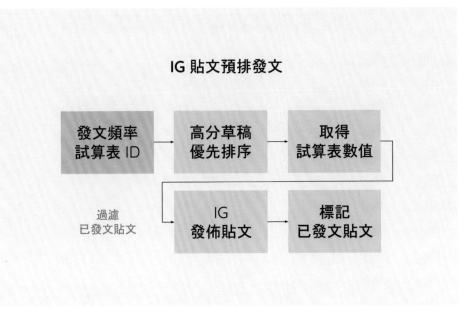

IG 貼文預排發文流程圖

IG 貼文預排發文場景

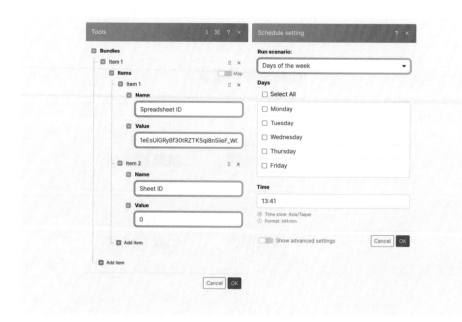

Basic Trigger 輸入試算表及工作表 ID // 設定發文頻率

需開啟 ON/OFF 運行場景，才能自動預排發文，試用帳號最多只能運行兩個場景；Basic Trigger 輸入試算表及工作表 ID 可根據 Google Sheets 網址取得，如：https://docs.google.com/spreadsheets/d/Spreadsheet ID/edit?pli=1#gid=Sheet ID。

Google Sheets — Make an API Call 高分草稿優先排序：

1. Google Sheets > Make an API Call。

2. Connection > 選擇之前綁定的帳號。

3. URL > spreadsheets/spreadsheet id:batchUpdate。

4. Method > Post。

5. Headers > Key: Content — Type，Value: application/json。

6. Body > 詳見下頁表格。

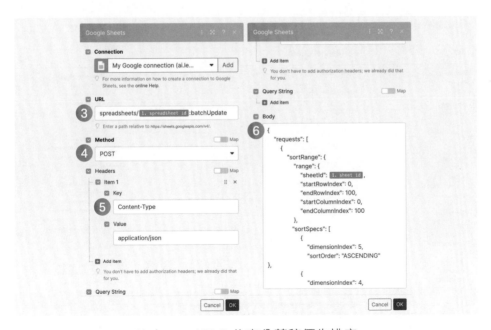

Make an API Call 高分草稿優先排序

高分草稿優先排序 Body 數值範例

```
{
  "requests":[
  {
    "sortRange": {
      "range": {
        "sheetId": sheet id,
        "startRowIndex": 0,
        "endRowIndex": 100,
        "startColumnIndex": 0,
        "endColumnIndex": 100
      },
      "sortSpecs":[
        {
          "dimensionIndex": 5,
          "sortOrder": "ASCENDING"
        },
        {
          "dimensionIndex": 4,
          "sortOrder": "DESCENDING"
        }
      ]
}}]}
```

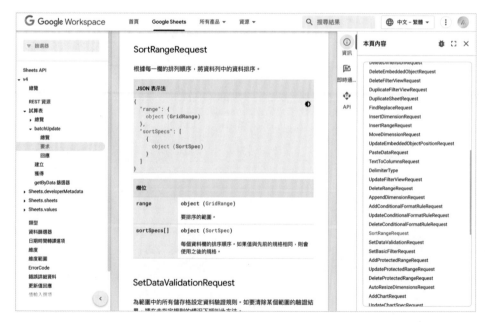

Google Sheets API 說明文件

Google Sheets － Get Range Value 取得試算表（草稿）數值：

1. Google Sheets > Get Range Value。

2. Connection > 選擇之前綁定的帳號。

3. Spreadsheet ID: spreadsheet id；Sheet Name：工作表名稱。

4. Range: A2:F2（前一步驟已排序在第一列的評分最高草稿）。

Google Sheets － Update a Row 標記已發文貼文：

1. Google Sheets > Update a Row。

2. Connection > 選擇之前綁定的帳號。

3. Spreadsheet ID: spreadsheet id；Sheet Name：工作表名稱。

4. Cell: F2。

5. Value: TRUE（勾選核取方塊，標記已發文貼文）。

Get Range Value 取得試算表數值 // Update a Row 標記已發文貼文

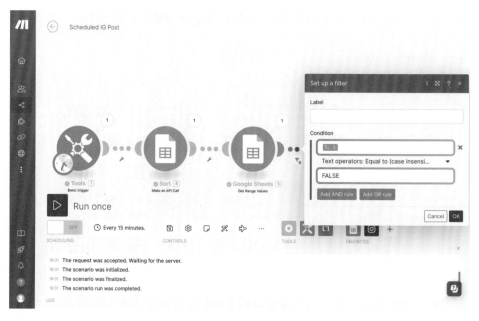

過濾已發佈貼文

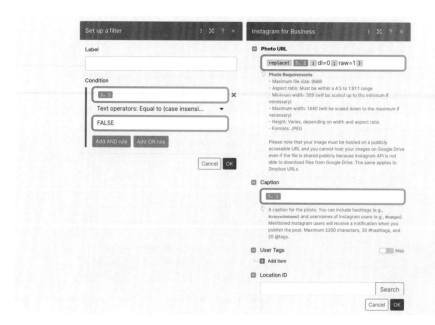

Set Up a Filter 過濾已發文貼文 // Create a Photo Post 發佈貼文

課堂練習

專屬的微調模型

題目

如何根據過往貼文訓練 AI，生成一致的品牌發文風格？

說明

微調模型經過大量數據訓練，能更忠實呈現品牌的歷史發文風格；Google AI Studio Gemini 微調模型透過匯入已儲存的結構化指令或 Google Sheets 試算表進行微調，100~500 個範例效果最佳，低於 20 個範例無法匯入；以下介紹如何製作用於訓練微調模型的歷史貼文試算表。

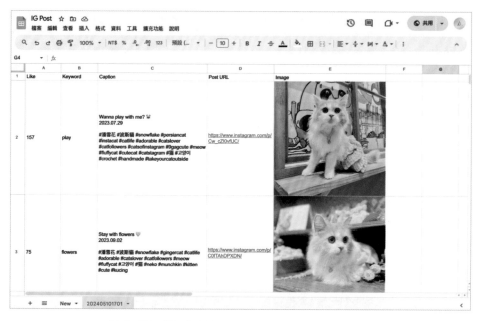

製作微調模型時使用的歷史貼文試算表範例

製作 IG 貼文微調模型 (解析關鍵字 / 匯出)

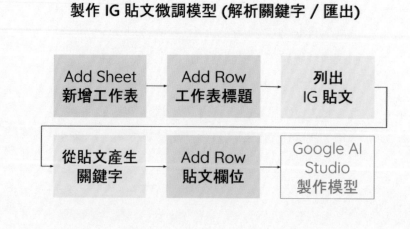

製作 IG 貼文微調模型流程圖

製作 IG 貼文微調模型場景

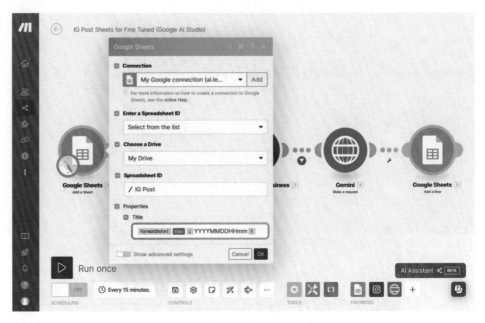

Add Sheet 新增工作表

Add Row 加入工作表標題 // Add Row 匯入貼文欄位

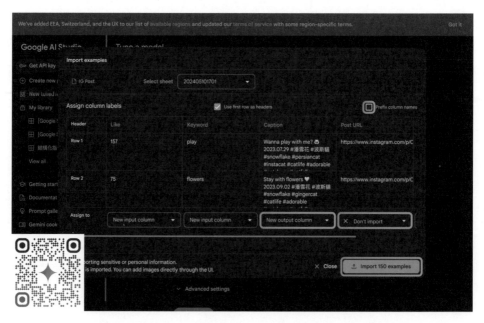

Google AI Studio 用歷史貼文試算表製作微調模型

Google AI Studio 一製作微調模型：

1. Google AI Studio > 登入 > New Tuned Model（aistudio.google.com/ app/tuned_models/new_tuned_model）。

2. Import > 選取試算表（建議包含 100 至 500 筆匯入資料）> Insert。

3. Keyword : New Input Column，Caption : New Output Culumn。

4. 取消勾選 Prefix column names（如果未取消勾選，會造成錯誤）> Import > Tune。

5. My Library > 剛剛微調完成的模型名稱 > 複製 Model ID 備用。

　　只有同一個 Google 帳戶的 API Key 能存取製作的微調模型，微調模型必須先於 Google Cloud 取得 OAuth 2.0 憑證後才能使用，HTTP 應用程式則要改用 Make an OAuth 2.0 request 模組。

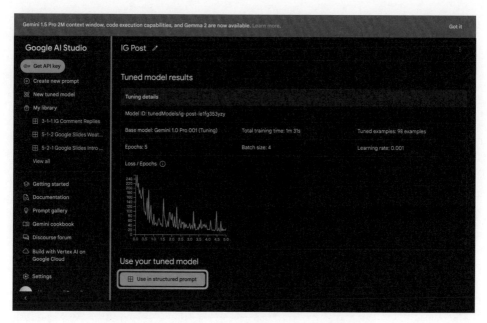

Google AI Studio 微調模型製作完成畫面

Google Cloud 一取得 OAuth 2.0 憑證：

1. Google AI Studio > Get API Key > Project ID > Generative Language Client > Open in new window。

2. OAuth 同意畫面 > External > 建立。

3. 應用程式資訊 > 授權網域：integromat.com > 開發人員聯絡資訊 > 儲存並繼續。

4. 新增或移除範圍 > 選取所有列 > 更新 > 儲存並繼續。

5. 測試使用者 > ADD USERS > 輸入 Gmail 信箱 > 新增 > 儲存並繼續。

6. 憑證 > 建立憑證 > OAuth 用戶端 ID > 應用程式類型：網頁應用程式。

7. 已授權的重新導向 URI：https://www.integromat.com/oauth/cb/oauth2 > 建立。

8. 複製「用戶端編號 Client ID」及「用戶端密鑰 Client Sceret」。

Google Cloud 取得 OAuth 2.0 憑證

HTTP — Make an OAuth 2.0 request 使用微調模型：

1. 右鍵 > Add a module > HTTP > Make an OAuth 2.0 request。

2. Create a Connection。

3. Authorize URI：https://accounts.google.com/o/oauth2/auth。

4. Token URI：https://oauth2.googleapis.com/token。

5. Scope > Add Item > Item 1：https://www.googleapis.com/auth/ Generative-language.tuning。

6. 輸入複製備用的 Client ID 及 Client Secret。

7. Save。

用於 URL 欄位的網址結構：https://generativelanguage.googleapis. com/v1beta/Model ID:generateContent?key=Your API Key。

Make an OAuth 2.0 request 微調模型

CHAPTER 4

Line@ 創作達人

塑造專業寫手

模擬真實文章撰寫情境

將在本章學到：

1. 9 個自動化實例（資源下載 Blueprint）。

2. 4 個平台和應用程式（已介紹過的不計）。

3. 建立 Line Messaging 頻道。

4. OpenAI 語音轉文字。

5. OpenAI 文字轉語音。

6. Google Custom Search 知識庫。

7. Gemini 用關鍵字寫文章。

8. Gemini 自動產生熱門文章。

9. Replicate 文字生成圖片模型。

10. Replicate 圖片生成圖片模型。

11. Replicate 取得圖片迴圈。

4-1 Line 搭起 AI 的橋樑

文字 語音 輕鬆轉轉轉

用 Make 將 Line@（Line 官方帳號）打造成全能 AI 創作達人，無論需要的是語音、文案或圖片，只要傳個訊息就輕鬆收工。

Line@ 作為溝通工具優點如下：

1. 統整各個 AI 平台，不用頻繁切換網頁和登入。

2. 規格化產出風格，選擇適合的工具集中使用。

3. 指令只需取代關鍵字，省去重複輸入的時間耗損。

本節介紹 —— Line@ 語音轉文字、Line@ 文字轉語音，應用程式和平台包含 Line、OpenAI、Dropbox、HTTP、Text Parser。

「語音轉文字」能將會議錄音檔轉成文字紀錄，「文字轉語音」則是自媒體創作的好幫手，錄旁白時有各種專業配音可選，文字和語音互轉是 Line 一直以來缺少的功能，現在就由本節來幫忙補齊吧！

參考資料及截圖來源
www.make.com
developers.line.biz
dropbox.com

Line@ 語音轉文字範例圖

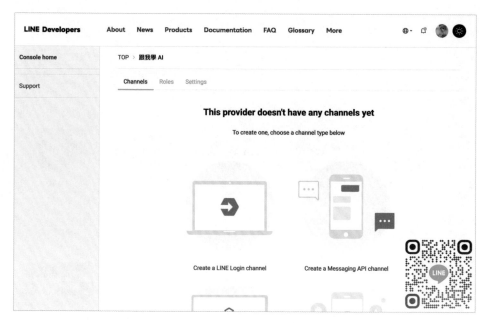

Line Developer 建立 Messaging API 頻道

Line@ 語音轉文字（OpenAI）

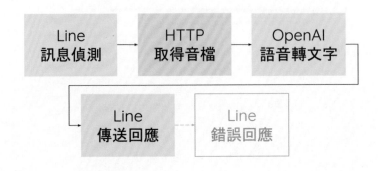

Line@ 語音轉文字（OpenAI）流程圖

Line@ 語音轉文字（OpenAI）場景

Line Developer 一建立 Messaging API 頻道：

1. Line Developers（developers.line.biz）> Log in to Console。

2. 使用 Line 帳號登入 > 選擇透過電子郵件帳號或行動條碼登入。

3. Providers > Create > 命名 > Create。

4. Channels > Create a Messaging API Channel 建立 Messaging API 頻道 > 填寫必填欄位 > Create > OK > Agree（完成建立頻道）。

5. Messaging API Settings > Channel access token（位於畫面底部）> 點擊圖示複製 token 備用（Line 一 Watch Events 訊息偵測）。

6. LINE Official Account features > Auto-reply messages > Edit。

7. 回應設定 > Webhook > 啟用 > 自動回應訊息 > 開啟自動回應訊息的設定畫面。

8. 自動回應訊息 > 使用 > 點擊開關 > 停用所有自動回應訊息。

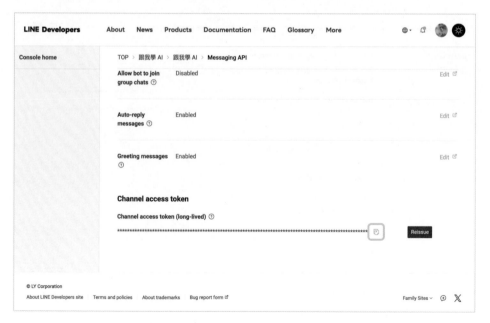

複製 Channel access token 備用

停用所有自動回應訊息

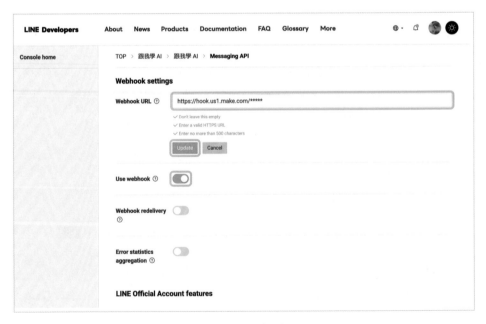

Webhook 設定

Line — Watch Events 訊息偵測：

1.　＋ > Line > Watch Events。

2.　Create a webhook > Create a connection > 貼 上 Channel access token > Save > OK。

3.　複製 Webhook > 保存場景（不可忽略此步驟，否則無法順利綁定頻道）。

4.　Line Developers（developers.line.biz） > Log in to Console。

5.　前往建立好的頻道 > Messaging API Settings > Webhook settings > Webhook URL > Edit。

6.　Enter your app's webhook URL > 貼上 Webhook URL > Update > Verify。

7.　出現 Success 訊息代表順利綁定頻道。

8.　Use webhook > 啟用。

Watch Events 訊息偵測

HTTP — Make a request 取得音檔：

1.　右鍵 > Add a module > HTTP > Make a request（用 Line > Make an API Call 無法順利取得音檔）。

2.　URL > https://api-data.line.me/v2/bot/message/events[ ].message.id/content，Method > Get。

3.　Headers > Name: authorization，Value: Bearer API Key；Name: content-type，Value: audio/m4a。

OpenAI — Create a Transcription 取得音檔：

1.　右鍵 > Add a module > OpenAI > Create a Transcription (Whisper)。

2.　File Name：events[ ].message.id.m4a，File Data：Data。

3.　Prompt > Make transcription in Traditional Chinese.。

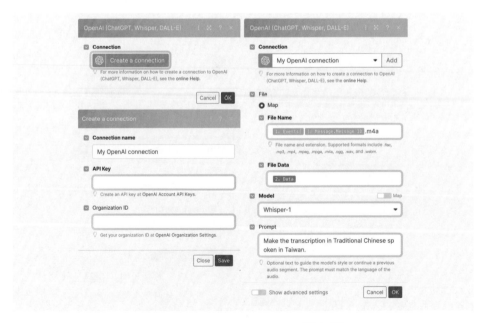

Create a Transcription 取得音檔

Line － Send a Reply Message 音檔轉文字回應訊息：

1. 右鍵 > Line > OpenAI > Send a Reply Message。

2. Connection > 選擇之前綁定的帳號。

3. Reply Token > events[ ].replyToken。

4. Messages > Item1 > Type: Text，Text: text。

Error Handler － Send a Reply Message 錯誤時的回應訊息：

1. Send a Reply Message > 右鍵。

2. Add error handler > Line > Send a Reply Message。

3. Connection > 選擇之前綁定的帳號。

4. Reply Token > events[ ].replyToken。

5. Messages > Type: Text，Text: 語音無法被成功解讀，請嘗試重新送出。

音檔轉文字回應訊息 // 錯誤時的回應訊息

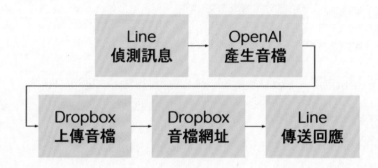

Line@ 文字轉語音（OpenAI）流程圖

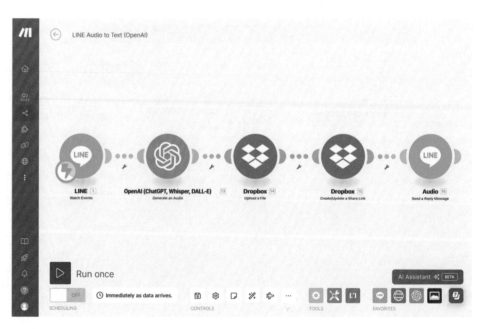

Line@ 文字轉語音（OpenAI）場景

OpenAI — Generate an Audio 產生音檔：

1. 右鍵 > Add a module > OpenAI > Generate an Audio。

2. Connection > 選擇之前綁定的帳號。

3. Input > events[ ].message.text。

4. Model > tts-1。

5. 可開啟 Show advanced settings > 更改 Voice（非必要步驟）。

Line@ 免費方案群發訊息為每月最多 200 則，自動回應訊息無上限，因此場景中使用的模組均為 Send a Reply Message，缺點如下：

1. **Reply Token 只能使用一次** —— 無法在回應前先提示需要等待處理時間。

2. **每次處理一則訊息** —— 無法傳語音時指定每次不同的聲音類型（如：性別）。

3. **不能被訓練** —— 無法根據之前傳輸的訊息學習、優化。

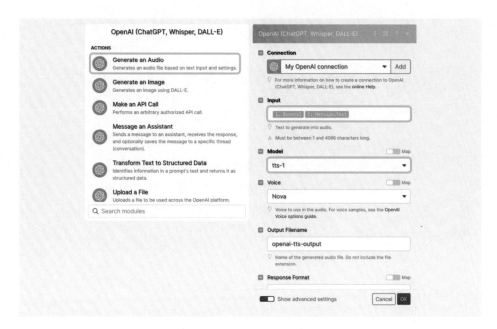

Generate an Audio 產生音檔

課堂練習

用一個 Line@ 處理所有事

題目

在會傳送其他文字訊息的情境下,如何識別要求將文字轉為音檔的訊息?

說明

Line@ 包含所有功能時,需注意以下事項:

1. **須合併場景** —— 每個場景有個別的 Webhook,每個 LIne@ 只能對應一個 Webhook。

2. **訊息加入識別文字區別功能** —— 在歡迎訊息提示不同功能所需使用的識別文字,過濾包含相應識別文字的訊息才執行該功能。

Line Developer 一建立加入好友的歡迎訊息：

1. Line Developers（developers.line.biz）> 使用 Line 帳號登入。

2. Admin > Provider > Channel > Messaging API。

3. Greeting Messages > Edit。

4. Line Official Account Manager > 回應設定 > 加入好友的歡迎訊息。

🍃 Line 加入好友的歡迎訊息範例

可回覆以下訊息：

1. 上傳語音，轉換成文字

2. 輸入「語音 + 文字」，產生聲音檔

建立加入好友的歡迎訊息

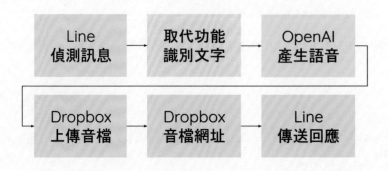

Line@ 文字轉語音加入取代功能識別文字流程圖

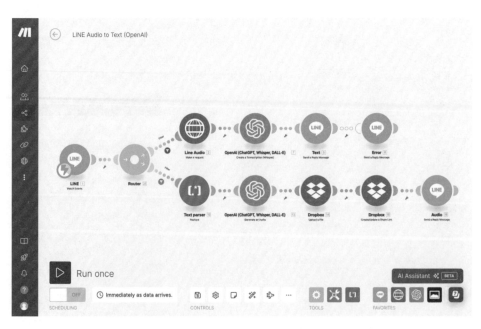

Line@ 文字轉語音加入取代功能識別文字場景

Text Parser — Replace 移除功能識別文字（避免語音中出現該文字）：

1. 右鍵 > Add a module > Text Parser > Replace。

2. Pattern > 語音 (需移除的識別文字)，New value > %20，Text > events[ ].message.text；如果直接將「語音」取代為空白值，輸出結果會變成「null」，所以，必須取代為空白值的 URL 編碼「%20」。

3. Set up a filter > Condition: events[ ].message.text，Text operators: Contains (case insensitive) : 語音（執行相應的轉語音功能步驟）。

OpenAI — Generate an Audio 產生音檔：

1. 右鍵 > Add a module > OpenAI > Generate an Audio。

2. Input > decodeURL(text)；轉譯 URL 編碼後，%20 會變回空白值；因為此處的文字會交由 AI 轉語音，故空白值不會影響結果，可以保留。

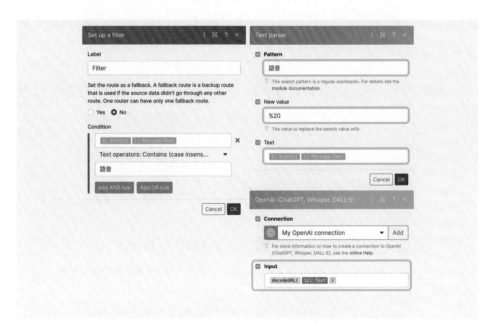

過濾含識別文字的訊息 // Replace 移除功能識別文字

4-2 獨一無二的知識庫

跟言之無物的 AI 說再見

ChatGPT 寫文章的缺點如下：

1. 每次都要輸入很多重複指令規範文章格式。

2. 無法進行細節設定，如：區分指令角色、溫度等。

3. 跳針式的言之無物在涵蓋時效性及地域性主題時最為明顯，像情境圖中的賞花文章，只能重複聚焦在「花」本身，無法包含想要的景點資訊。

用 Line@ 搭配 Google Custom Search 模擬寫文章前本來就會搜集參考資料的真實情境，把經過篩選的網站做成知識庫，請 AI 研讀後，再淬煉出規格化的內容，Custom Search JSON API 每天免費提供 100 個搜尋查詢，零成本幫 ChatGPT 改頭換面。

本節介紹 ——Line@ 關鍵字生成文章（OpenAI）、Line@ 自動生成熱門文章（OpenAI），應用程式和平台包含 Line、Google Custom Search、HTTP、OpenAI。

  參考資料及截圖來源
programmablesearchengine.
google.com
developers.google.com/custom-
search/v1/overview

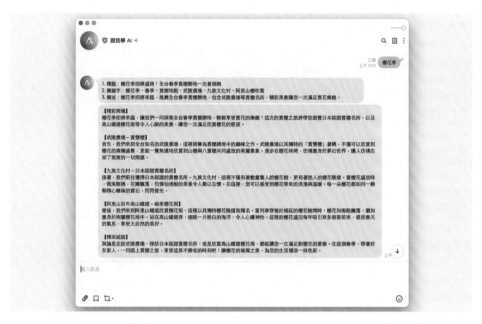

Line@ 搭配 Google Custom Search 生成文章範例

直接用 ChatGPT 寫文章的情境 (1)

直接用 ChatGPT 寫文章的情境 (2)

Custom Search JSON API 程式化搜尋引擎指南

Google Custom Search －建立程式化搜尋引擎：

1. 程式化搜尋引擎（programmablesearchengine.google.com）> 登入。

2. 為你的搜尋引擎命名 > 輸入搜尋引擎名稱。

3. 要搜尋什麼 > 搜尋特定網站或網頁 > 輸入參考網址 > 新增 > 建立。

4. 總覽 > 基本 > 複製搜尋引擎 ID（cx=Search_Engine_ID）。

5. Custom Search JSON API（developers.google.com/custom-search/ v1/overview）> 取得金鑰 > Enable Custom Search API > Create a New Project > Next > Show Key > 複製金鑰（API_Key_ID）。

搜尋兩週內與非英式下午茶有關的內容，程式化搜尋引擎範例： https://www.googleapis.com/customsearch/v1?cx=Search_Engine_ ID&key=API_Key&dateRestrict=w2&excludeTerms= 英式 &q= 下午茶。

Google Custom Search －建立程式化搜尋引擎

Line@ 關鍵字生成文章（OpenAI）

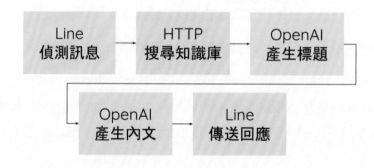

Line@ 關鍵字生成文章（OpenAI）流程圖

Line@ 關鍵字生成文章（OpenAI）場景

> ## 搜尋知識庫 URL 欄位範例
>
> https://www.googleapis.com/customsearch/
> v1?cx=Search_Engine_ID&key=API_Key&q=events[
>].message.text

■ 表 4-1 Google Custom Search 重要數值

數值	定義
q= 自訂文字	關鍵字
excludeTerms= 自訂文字	排除字詞
sort=date	依日期排序
filter=0（預設為 1）	不過濾重複及同站台內容
safe=active	過濾成人搜尋結果

■ 表 4-2 Google Custom Search 時間數值

數值	定義
dateRestrict=y2	搜尋兩年內資料
dateRestrict=m1	搜尋一個月內資料
dateRestrict=w1	搜尋一週內資料
dateRestrict=d5	搜尋五天內資料
dateRestrict=d30	搜尋一個月內資料

Google Custom Search 只需要在 HTTP — Make a Request URL 欄位輸入網址（不需填寫其他欄位），就能提供搜尋知識庫給 OPenAI 作為生成文章的依據，Parse Response 設為 Yes 後，Mapping 會自動包含 data.items[].title（網頁標題）和 data.items[].snippet（內容簡介）等數值。

表 4-3 Google Custom Search 網頁結構數值

數值	定義
data.items[ ].title	網頁標題
data.items[ ].snippet	內容簡介
data.items[ ].link	網頁連結
data.items[ ].pagemap.cse_thumbnail[ ].src	搜尋頁縮圖

產生標題指令範例 // 產生文章指令範例

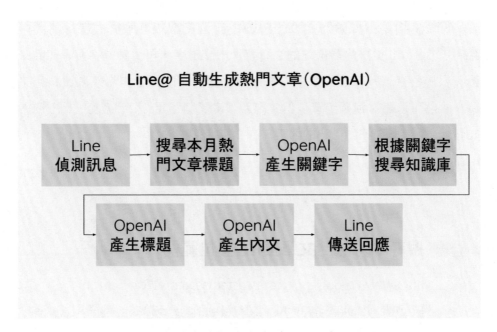

Line@ 自動生成熱門文章（OpenAI）流程圖

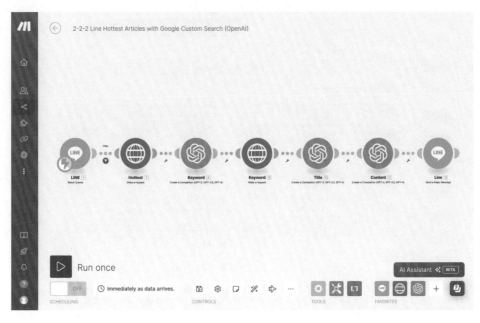

Line@ 自動生成熱門文章（OpenAI）場景

Line@ 自動生成熱門文章的精髓在於直接讓知識庫提供當月熱門內容，由 Gemini 從排序最優先的文章整理出關鍵字，再用關鍵字搜尋知識庫後，根據參考資料寫出文章；如果直接用當月熱門內容作為參考資料寫文章，雖然可以節省兩個步驟，但會導致參考資料不足（只參考第一篇）或過於發散（參考多篇不同主題的內容）。

搜尋本月熱門文章 URL 欄位範例

https://www.googleapis.com/customsearch/v1?cx=Search_Engine_ID&key=API_Key&dateRestrict=d30&q= 熱門

OpenAI 從 Google Custom Search 知識庫產生本月熱門關鍵字

課堂練習

如何讓回應更豐富

題目

　　請思考如何在回應中包含知識庫的參考網站資料？

說明

　　Messaging API（developers.line.biz/en/docs/messaging-api）在 Message Types 中提供多種訊息呈現類型，其中 Template message 的 Carousel template 由多組輪播的縮圖、標題、描述和連結組成，最適合作為知識庫的參考網站呈現方式。

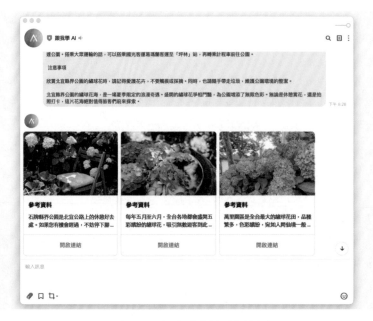

回應顯示參考資料網站範例

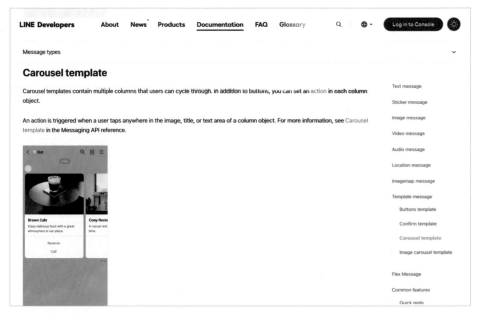

選用輪播方式呈現參考資料網站

Line － Send a Reply Message 回應增加參考資料：

1. Messages > Add Item。

2. Item 3 > Type: Template，Alternative Text: 參考資料。

3. Template > Carousel，Columns > Add Item。

4. Columns > Item 1 > Thumbnail Image URL: `Data.items[ 1 ].pagemap.cse_thumbnail[ ].src`；數字『 1 』代表第一筆搜尋資料，數字可自行更改為顯示第 N 筆搜尋資料。

5. Image Background Color: #fff，Title: 參考資料，Text: `data.items[ 1 ].title`。

6. Default Action > Type: URL，Label: 開啟連結，URL: `data.items[ 1 ].link`。

7. Actions > Type: URL，Label: 開啟連結，URL: `data.items[ 1 ].link`。

Send a Reply Message 回應增加參考資料

4-3 傳訊息給繪圖高手

徜徉於 上千種 模型之海

  Copilot 雖然也能透過對話訊息製圖，但產出的畫質過低、風格不夠多樣，Replicate 的圖像模型可自訂尺寸、類型千變萬化，只能讀懂英文指令的問題，請 Gemini 幫我們下繪圖指令就輕鬆解決，無論是打打文字、上傳圖片，Line@ 都能回以驚豔的圖片；不過，由於回應僅針對最新訊息，以圖製圖的模型侷限於輸入一張圖解決的範疇（如：去背、放大、結構草圖等）。

  Replicate 每個模的運行費用都不同（設備每秒費用 × 秒數＝運行費用），測試時建議選費用較低的模型，推薦使用 proteus-v0.4-lightning（replicate.com/lucataco/proteus-v0.4-lightning）；登入 Replicate 後，點擊左上的帳號名稱前往 API tokens，滑鼠移過「Default」會出現複製按鈕取得 API Key。

  本節介紹 —— 從文字訊息製圖、從上傳圖片製圖，應用程式和平台包含 Line、Gemini、HTTP、Flow Control、Tools、Dropbox。

參考資料及截圖來源
www.make.com
developers.line.biz
replicate.com

輸入文字訊息製圖範例

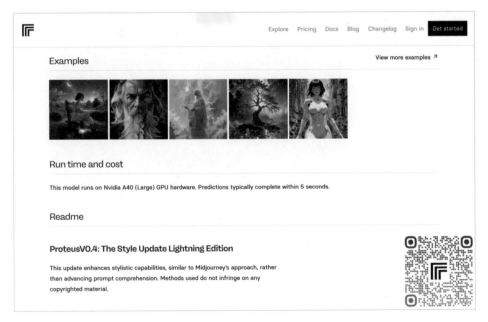

推薦使用 proteus-v0.4-lightning 測試

表 4-4　Replicate 模型運行費用範例

模型名稱	運行硬體	單次運行費用預估（美金）
Openjourney	Nvidia A100 (40GB) GPU	0.001150 * 5 = $0.00575
proteus-v0.4-lightning	Nvidia A40 (Large) GPU	0.000725 * 5 = $0.003625
sdxl-barbie	Nvidia A40 (Large) GPU	0.000725 * 18 = $0.01305
dreamshaper-xl-turbo	Nvidia A40 (Large) GPU	0.000725 * 39 = $0.028275

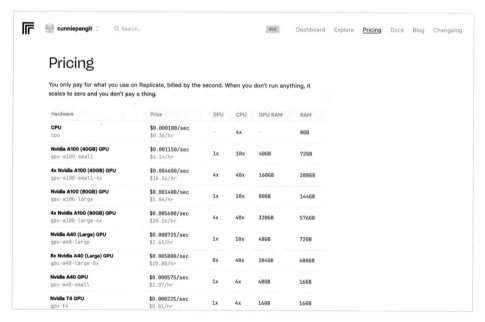

Replicate 費用計算模式參考

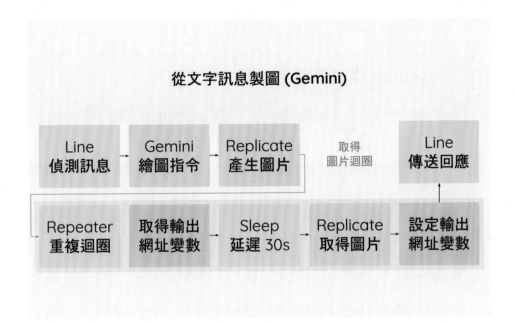

從文字訊息製圖（Gemini）流程圖

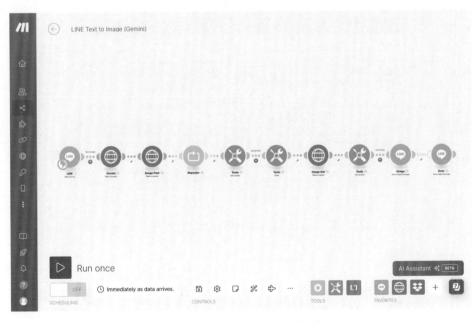

從文字訊息製圖（Gemini）場景

❝ Gemini 從訊息產生繪圖指令範例

Use trim(decodeURL(replace(events[ ].message.text ; 製圖 ; %20))) to write a Stable Diffusion prompt in English. Details and high quality. ❞

trim(decodeURL(replace(events[ ].message.text ; 製 圖 ; %20))) 未經這樣處理可能會出現一隻手在畫畫的圖，其組成結構如下：

1. replace(;) 用「%20」取代功能識別文字「製圖」。

2. decodeURL(;) 解譯「%20」為空白。

3. trim(;) 移除空白。

Replicate 產生圖片 API 數值輸入範例

Replicate 有目不暇己的多樣模型，還能免費試用，但取得圖片的方式非常艱鉅，透過 HTTP － Make a Request 產生圖片後，只是得到取得圖片的網址，還需要再用一個 HTTP － Make a Request 模組去取得真正的圖片。

Replicate 取得圖片為什麼需要迴圈：

1. 圖片生成的時間無法估計（取決於運行每個模型的設備速度、當時運行模型的人數、指令複雜度、設定步驟數等）。

2. 只搭配 Sleep 延遲取得圖片，會導致失敗（尚未生成）或等待時間過長。

3. 加入 Repeater 重複和較短延遲時間，依然無法解決；模組只能取用前面的數值，無法在新一輪重複前判斷是否已在後方取得圖片輸出網址。

4. 將圖片輸出網址設定為全場景通用的變數（設定輸出網址變數），才能在重複模組後加上判斷是否可以停止重複的模組（取得輸出網址變數）。

Replicate 取得圖片迴圈

Repeater 重複迴圈	取得輸出 網址變數	Sleep 延遲 30s	Replicate 取得圖片	設定輸出 網址變數

過濾器
未取得網址變數持續重複迴圈

過濾器
取得輸出圖片網址才傳送回應

Replicate 取得圖片迴圈流程圖

Flow Control / Tools / HTTP — Replicate 取得圖片迴圈：

1. Flow Control > Repeater > Initial value: 1，Repeats: 10。

2. Show advanced settings > Step: 4。

3. Tools > Get Variable > Variable name: Output1。

4. Tools > Sleep > Delay: 30。

5. Filter > Condition > Output1 Does not exist。

6. HTTP > Make a Request > URL: data.urls.get。

7. Method > Get。

8. Headers > Authorization: Token Your API Key。

9. Tools > Set Variable > Variable name: Output1。

10. Replicate 生成圖片步驟 > 右鍵 > Run this module only，Data > candidates > Item 1 > content > parts > text > 製圖關鍵字 > OK。

重複迴圈 // 取得輸出圖片網址變數 // 延遲 30s

11. Replicate 生成圖片步驟 > 右上角操作數字 > OUTPUT > Bundle 1 > Data > urls > get: 複製網址；等待 2~3 分鐘，確保圖片已經生成

12. Replicate 取得圖片步驟 > 右鍵 > Run this module only > Data > urls > get > 貼上複製的網址 > OK。

13. Replicate 取得圖片步驟 > 右上角操作數字 > OUTPUT > Bundle 1 > Data > 出現 data.output[ ] 網址。

14. Variable value: data.output[ ]。

15. Filter > Condition > data.output[ ] Exists。

16. Line > Send a Reply Message。

17. Reply Token: events[ ].replyToken。

18. Messages > Type: Image，Original Content URL: data.output[ ]，Preview Image URL: data.output[ ]。

Replicate 取得圖片 // 設定圖片輸出網址變數

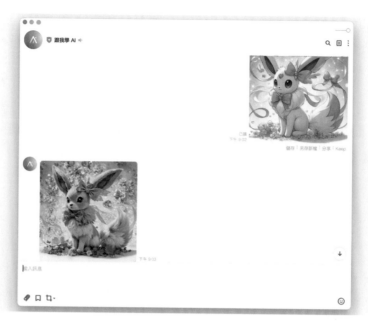

上傳圖片製圖範例 Line 對話視窗

從上傳圖片製圖 (Gemini)

從上傳圖片製圖 (Gemini) 流程圖

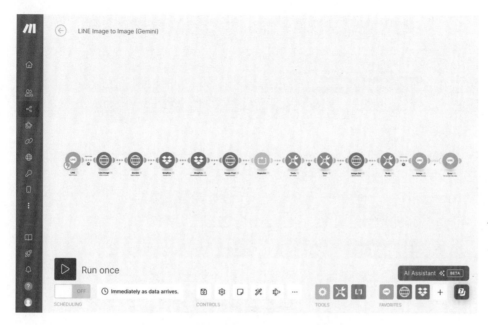

從上傳圖片製圖（Gemini）場景

過濾圖片訊息 // 取得訊息傳送圖片（需透過 API）

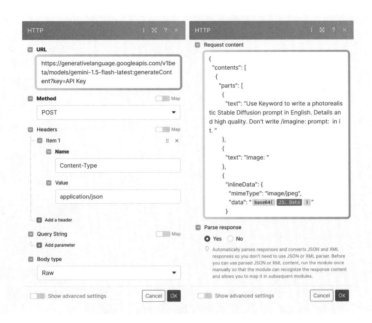

Gemini 解析圖片（Gemini 1.0 Pro Flash 模型）

Replicate 生成圖片 Request content 數值範例

{
"version":
" 模型 ID",
"input": {
  "width": 1024,
  "height": 1024,
  "prompt":
"Data.candidates[ ].content.parts[ ].text",
  "image": "replace(url ; dl=0 ; raw=1)",
  }
}

課堂練習

能寫會畫的 LINE@ 頻道

題目

如何製作 Gemini 版全能 LINE@ 頻道？

說明

1. 關鍵字及自動生成文章的 OpenAI 替換為 Make a Request，輸入 Gemini 指令。

2. 2 個文章和 2 圖片步驟支線合併到同場景。

3. 加入識別文字讓過濾器判讀不同功能。

4. 非功能格式的回應（如：收到貼圖時提示）。

5. Line Developers 綁定 1 個 Webhook URL。

6. LINE@ 歡迎訊息提示使用功能識別文字。

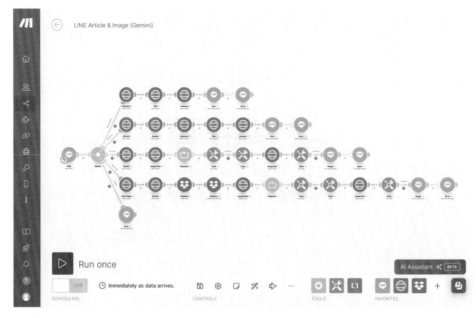

Gemini 圖文創作頻道場景

Gemini 產生標題指令範例 // Gemini 產生內文指令範例

非文字和圖片時傳送的提示訊息

在歡迎訊息提示各種功能的識別文字

CHAPTER 5

Slides 線上導遊

活的即時簡報
迅速建立及資訊更新

將在本章學到：

1. 6 個自動化實例（資源下載 Blueprin）。

2. 6 個平台和應用程式（已介紹過的不計入）。

3. Google Slides 從範本建立簡報。

4. Weather Forest 取得城市三天氣候。

5. JSON 結構化節省步驟。

6. Gemini 步驟錯誤處理。

7. Gemini 生成旅遊景點文案。

8. Abstract API 匯率轉換。

9. Unsplash 及 Pixabay 免費圖庫搜尋匯入。

10. Google Slides 更新即時資訊。

11. Make 場景分享與備份。

5-1 最新氣象旅遊指南
文書處理也要 自動化

　　只要輸入關鍵字，就能以範本結構填入內容，迅捷建立新的簡報，文書處理搭上 AI 熱潮不是夢，無論是 8 頁還是 100 頁，都是按下 Run Once 一鍵創建，跟辛苦翻譯、編排的噩夢說再見。

　　本節介紹 —— 透過範本建立簡報、天氣資訊取得及翻譯，應用程式和平台包含 Tools、Gemini、HTTP、Weather、JSON、Google Slides。

　　旅遊指南自動化步驟：

1. 從範本建立簡報。

2. 顯示三天城市氣象預報。

3. 當地幣值匯率轉換。

4. 生成語言、交通工具和景點介紹資訊。

5. 搜尋及匯入免費圖庫照片。

6. 更新簡報即時資訊。

參考資料及截圖來源
www.make.com
docs.google.com/presentation

即時旅遊指南簡報範例 (1)

即時旅遊指南簡報範例 (2)

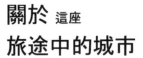

即時旅遊指南簡報範例 (3)

即時旅遊指南簡報範例 (4)

Google Slides 一準備自動化簡報範本方法一：

1. Google Slides（docs.google.com/presentation）> 登入。

2. 建立新簡報。

3. 設計範本 > 插入 > 文字方塊 > 可取代文字放在 {{ }} 中。

4. 插入 > 圖片 > 上傳電腦中的圖片。

5. 練習時盡量先以設計簡單的版面為主。

Google Slides 一準備自動化簡報範本方法二：

1. 本書旅遊指南範本 > 掃描下圖 QR Code。

2. 登入 > Google 帳號。

3. 檔案 > 建立副本 > 整份簡報。

4. 將範本複製到自己的雲端硬碟才能使用。

即時旅遊指南簡報範本 // 替換 {{}} 中的內容

251

透過範本建立簡報

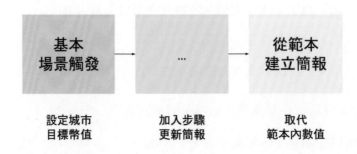

基本 場景觸發	⋯	從範本 建立簡報
設定城市 目標幣值	加入步驟 更新簡報	取代 範本內數值

透過範本建立簡報流程圖

透過範本建立簡報場景

Tools － Basic Trigger 設定城市和欲轉換成的幣值：

1. Tools > Basic Trigger。

2. Bundles > Add Item。

3. Items > Add Item > Item 1 > Name > City，Value > 城市名（可更改）。

4. Item 2 > Name > Currency Target ISO，Value > TWD（可更改）。

Google Slides － Create a Presentation From a Template 從範本建立簡報：

1. Google Slides > Create a Presentation From a Template。

2. Connection > 綁定帳號 > 選擇範本。

3. Values > CITY: city。

4. Date: formatDate(now ; YYYY-MM-DD)；自動帶入今天日期。

設定城市和欲轉換成的幣值 // 從範本建立簡報

天氣資訊取得及翻譯（Gemini）

天氣資訊取得及翻譯流程圖

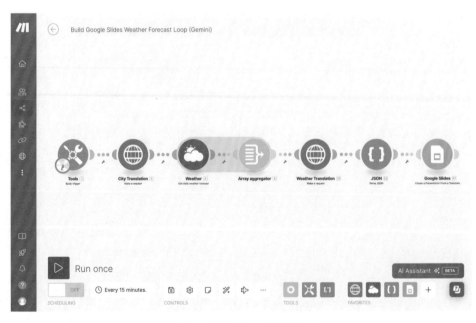

天氣資訊取得及翻譯場景

Weather － Get Daily Weather Forecast 城市三天氣候：

1. Weather > Get Daily Weather Forecast。

2. Days > Today, Tomorrow, The day after tomorrow。

3. I want to enter a location by > cities。

4. City > data.candidates[ ].content.parts[ ].text （Gemini 翻譯城市名指令：Translate city to English without explanation.）。

Flow Control － Array Aggregator 分列三天氣候數值：

1. Flow Control > Array Aggregator。

2. Source Module > Weather － Get Daily Weather Forecast。

3. Aggregated fields > 勾選 Temperature、Status、Description；缺少 Array Aggregator 模組只能取用最後一天的氣候數值。

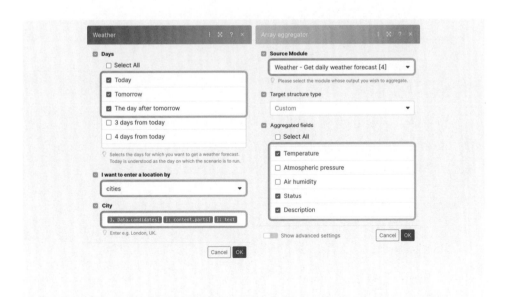

城市三天氣候 // 分列三天氣候數值

　　以 HTTP － Make a Request 模組用 Geimini 將分列的三天英文氣候翻譯成中文時，JSON 格式結構化輸出能簡化步驟，Gemini 只需要搭配 JSON － Parse a JSON 模組，僅兩個步驟就完成三日的天氣狀態和天氣描述共 6 個數值輸出，而非重複用 6 個模組去生成相應文字。

　　直接下指令要求 Gemini 1.5 Flash 及 Gemini 1.5 Pro 生成 JSON 格式，會被加入多餘的符號，格式不正確導致 Parse a JSON 模組產生錯誤而停止場景運行，在 Request content 數值加入 "responseMimeType": "application/json" 即可正確輸出；JSON 模組可不用新增 JSON 結構範例，但需要先跑一次場景取得輸入值，才能填入從範本建立簡報的 Values。

Gemini 翻譯天氣 Request content 數值

```
{
  "contents": [
    {
      "parts": [
      {"text": "Translate Weather Status and Weather description to
Traditional Chinese spoken in Taiwan. Keep titles in English. Combine
them in JSON format."},
        {"text": "Weather status 1: Rain"},
        {"text": "Weather description 1: Light Rain"},
        {"text": "Currency Base ISO : New York,"},
        {"text": "JSON:
          {\"Weather status 1\": \" 雨 \",
          \"Weather description 1\": \" 小雨 \",
```

Gemini 翻譯天氣 Request content 數值
\"Weather status 2\": \" 雲 \",

```
        \"Weather status 2\": \" 雲 \",
        \"Weather description 2\": \" 烏雲密佈 \",
        \"Weather status 3\": \" 晴 \",
        \"Weather description 3\": \" 晴空萬里 \"}
    "},
    {"text": "Weather status 1: array[ 1 ].name"},
    {"text": "Weather description 1: array[ 1 ].description"},
    {"text": "Weather status 2: array[ 2 ].name"},
    {"text": "Weather description 2: array[ 2 ].description"},
    {"text": "Weather status 3: array[ 3 ].name"},
    {"text": "Weather description 3: array[ 3 ].description"},
    {"text": "JSON: "}
    ]
    }
],
"generationConfig": {
 "temperature": 0.9,
 "topK": 0,
 "topP": 1,
 "maxOutputTokens": 2048,
 "responseMimeType": "application/json",
 "stopSequences": []
}
}
```

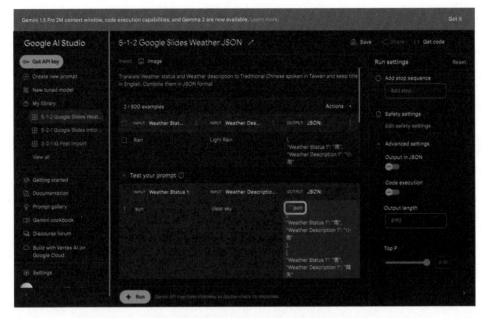

未設定用 JSON 格式輸出時，會產生多餘的符號和文字

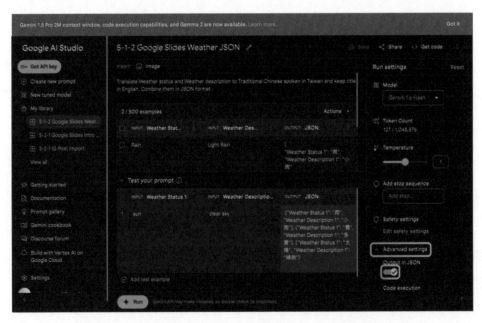

設定用 JSON 格式輸出時，不會產生多餘的符號和文字

JSON — Parse a JSON 資料結構化：

1. Tools > JSON。

2. Create a data structure > Generate。

3. Add data structure > Specification > Generate。

4. Generate > Sample data: 輸入 JSON 結構範例 > Generate > Save。

5. JSON string: data.candidates[ ].content.parts[ ].text。

分列三天氣候 JSON 結構範例	

{
  "Weather Status 1": " 雨 ",
  "Weather Description 1": " 中雨 ",
  "Weather Status 2": " 雨 ",
	"Weather Description 2": " 小雨 ",
	  "Weather Status 3": " 雨 ",
	  "Weather Description 3": " 中雨 "
	}

Parse a JSON 資料結構化

▌表 5-1 Create a Presentation From a Template 從範本建立簡報 Values

標題	數值
status1（今日天氣狀態）	Weather Status 1
description1（今日天氣描述）	Weather Description 1
max1（今日最高溫）	array[1].temperature.max
min1（今日最低溫）	array[1].temperature.min
status2（明日天氣狀態）	Weather Status 2
description2（明日天氣描述）	Weather Description 2
max2（明日最高溫）	array[2].temperature.max
min2（明日最低溫）	array[2].temperature.min

將數值填入 Create a Presentation From a Template 的 Values

課堂練習

讓 AI 的不完美變完美

題目

若 Gemini 發生錯誤，無法順利翻譯可被天氣步驟解讀的城市名，該如何處理？

說明

1. BLOCK_NONE 關閉非安全字詞過濾。

2. 過濾只允許處理 Status 200 的操作。

3. Status 非 200 時，分流加入 60s Sleep 處理頻率限制（適用多次操作，如：回留言）。

4. 加入迴圈取到正確值才停止（適用單次操作；需設定發生錯誤時，場景不會自動停止運行）。

Request Content 關閉安全性檢查數值範例

```
"safetySettings": [
  {"category": "HARM_CATEGORY_HARASSMENT",
   "threshold": "BLOCK_NONE"},
  {"category": "HARM_CATEGORY_HATE_SPEECH",
   "threshold": "BLOCK_NONE"},
  {"category": "HARM_CATEGORY_SEXUALLY_EXPLICIT",
   "threshold": "BLOCK_NONE"},
  {"category": "HARM_CATEGORY_DANGEROUS_CONTENT",
   "threshold": "BLOCK_NONE"}
]
```

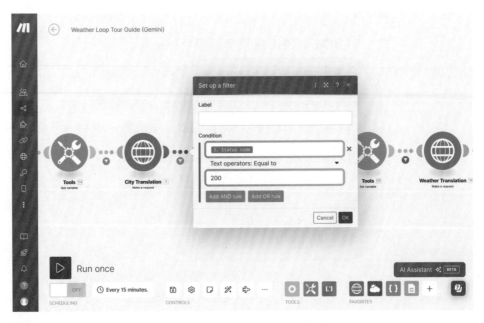

過濾只允許處理 Status 200 的操作

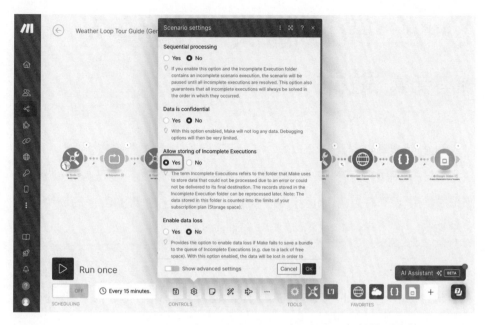

設置迴圈時須允許發生錯誤時，繼續進行後續步驟

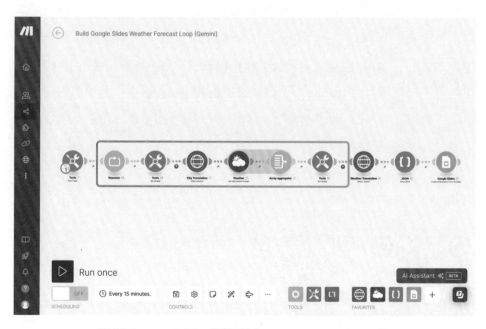

迴圈 Set variable 須設置在 Array aggregator 後

5-2 簡報圖文一鍵填入

所有元素 乖乖 各就各位

　　AI 雖然博學多聞又技藝超群，有時我們難免還是需要真實世界的資料，來自 AI 的匯率數值不夠精準、AI 擬真照片再完美依然只是形似，Abstract API 提供即時匯率，Unsplash 和 Pixabay 兩個知名免費圖庫在簡報中加入實景照片，與 Gemini 生成的文案相輔相成。

　　本節介紹 —— 生成旅遊景點文案、免費圖庫搜尋及匯入，應用程式和平台包含 Gemini、HTTP、JSON、Abstract API、Unsplash、Pixabay、Google Slides。

　　在建立簡報的範本規劃時，需將會更新和取用的文字用醒目顯示顏色區隔，以「當日匯率」為例：{{base}} 兌換 {{target}} // 1 {{base}} = {{rate}} {{target}}，{{rate}} 匯率會更新且小數點位數不一定，導致其後的 {{target}} 也需要一起更新，而 {{base}} 旅遊城市幣值和 {{target}} 被兌換幣值則是於下節中會被取用，{{base}} {{target}} {{rate}} 需增加白色醒目顯示顏色。

參考資料及截圖來源
www.make.com
abstractapi.com
unsplash.com
pixabay.com

即時旅遊指南簡報範本 (1)

即時旅遊指南簡報範本 (2)

生成旅遊景點文案流程圖

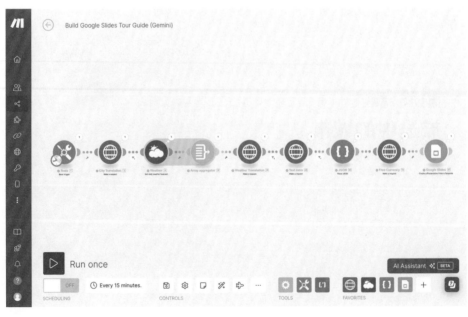

生成旅遊景點文案場景

Gemini 生成文案 Request content 數值

```
{
  "contents": [
    {
      "parts": [
        {
          "Response INPUT in Traditional Chinese spoken in Taiwan and
keep title in English. Combine them in JSON format.
          Currency Base ISO: Official currency ISO symbol in City for
Currency Base ISO.
          Languages Spoken: List the languages spoken in City.
          Transportation: List different modes of transportation in City.
          Thing 1: The important things to know including belonged
country,  location, 3 historical stories in City as a paragraph.
          Thing 2: The important things to know including 3 famous food,
two names of popular movie filmed in City as a paragraph.
          Attractions : An introduction about popular attractions in City as
a paragraph.
          Attraction 1 : The first must see name of attraction in City.
          Attraction 2 : The second must see name of attraction in City.
          Attraction 3 : The third must see name of attraction in City."
        },
        {
          "text": "City: Kyoto"
        },
```

267

Gemini 生成文案 Request content 數值

```
  {
   "text": "JSON:
   {\"Currency Base ISO\": \"JPY\",
   \"Languages Spoken\": \" 日本語 \",
   \"Transportation\": \" 公車 , 地鐵 , 出租車 \",
   \"Thing 1\": \" 京都，位於日本，是一個充滿歷史和文化遺產的城
市。這座城市有著美麗的地理位置，被山脈環繞，風景如畫。京都有許多
引人入勝的古老故事，例如關於祇園的傳說、清水寺的建築奇蹟、以及古
代宮廷的神祕故事。京都以其美食聞名於世。\",
   \"Thing 2\": \" 三大著名美食包括壽司、拉麵和和菓子。此外，京都
也是許多知名電影的取景地，其中包括《只是太愛你》和《暮色》。\",
    \"Attractions\": \" 京都是一座充滿魅力的城市，吸引許多遊客。
這裡保留著古老的寺廟、神社和花園，讓遊客深入體驗日本傳統文化精
髓。\",
   \"Attraction 1\": \" 金閣寺 \",
   \"Attraction 2\": \" 清水寺 \",
   \"Attraction 3\": \" 伏見稻荷大社 \"}"
  },
  {
   "text": "City: city"
  },
  {
   "text": "JSON: "
  }
]}]}
```

在 JSON 結構化模組中，要將翻譯天氣和生成文案的輸出值合併為一個 JSON，達到節省步驟的目標，須將第一個輸出值的末端 } 取代為、移除第二個輸出值的起始 }，Parse a JSON － JSON 結構化 string 欄位輸入範例：

replace(data.candidates[ ].content.parts[ ].text ; } ; ,)

replace(data.candidates[ ].content.parts[ ].text ; {" ; ")

Abstract API －取得匯率轉換免費試用 API Key：

1. 前往 Abstract API（www.abstractapi.com）> Start for free > 註冊。

2. What product are you most interested in? > More > Exchange Rate Data（選錯無法使用）。

3. Make Test Request > It looks good! > Back。

4. Try it out > Primary Key: Your API Key。

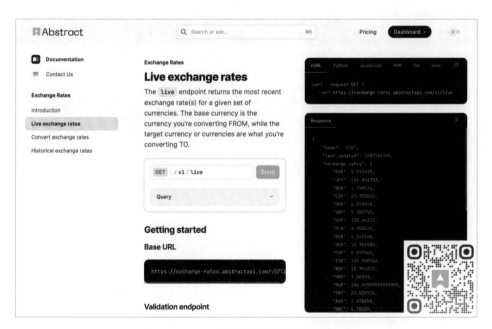

Abstract API 即時匯率轉換說明文件

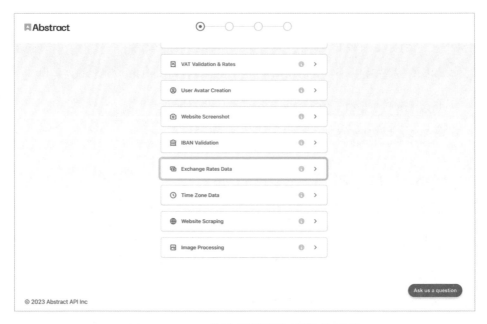

Abstract API 於註冊選擇有興趣的產品

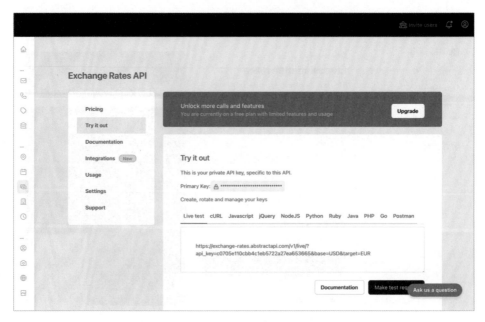

Abstract API 可於 Try it out 畫面取得 API Key

" Abstract API 匯率 URL 輸入範例

https://exchange-rates.abstractapi.com/v1/
live/?api_key=Your API Key&base=Currency Base
ISO&target=currency target iso "

Abstract API 在註冊時選擇有興趣的產品時，千萬不要當成問券調查隨便選選，因為 Abstract API 試用期只開放一個產品的 API，沒選對 Exchange Rate Data 只能換個信箱重新註冊，完成註冊後，可於 Try it out 畫面取得 API Key，試用階段能免費使用 500 次；接下來只需要在 Make a Request 的 URL 輸入範例數值就能取得匯率。

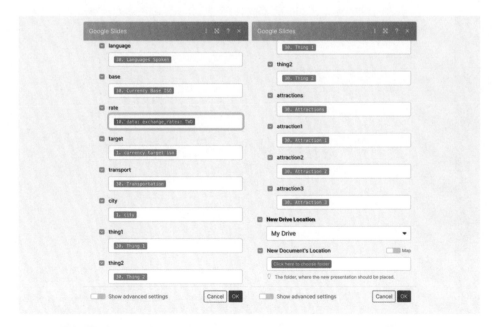

將數值填入 Create a Presentation From a Template 的 Values

免費圖庫搜尋及匯入

免費圖庫搜尋及匯入流程圖

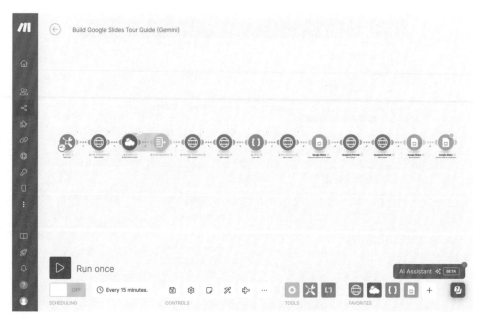

免費圖庫搜尋及匯入場景

Unsplash API 一取得圖片搜尋免費試用 API Key：

1. Unsplash Developers（unsplash.com/documentation）> Register as a developer。

2. 填寫註冊資料 > Join > 前往註冊信箱讀取驗證信。

3. Your Apps > New Applications > 接受使用條款 > 輸入 App 名稱和描述 > Create Application。

4. Keys > YOUR ACCESS KEY > 複製。

" Unsplash 直圖搜尋 URL 範例

https://api.unsplash.com/search/photos?client_id=Your Access Key&query=data.candidates[ ].content.parts[ ].text&orientation=portrait&order_by=popular "

▌**表 5-2** Unsplash 搜尋圖片重要數值

數值	定義
client_id=Your Access Key	你的 API Key
query=data.candidates[ ].content.parts[ ].text	搜尋關鍵字
orientation=portrait	搜尋直圖
orientation=landscape	搜尋橫圖
order_by=popular	熱門圖片排序在前
order_by=latest	最新圖片排序在前

Unsplash 搜尋圖片 API 文件

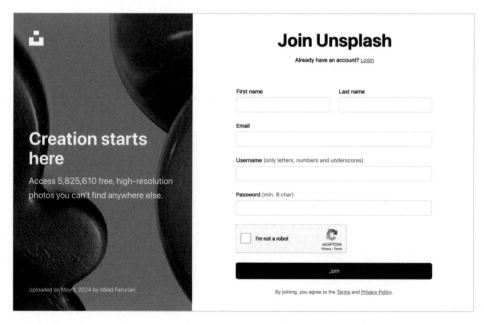

Unsplash 註冊畫面

Google Slides — Get a Presentation 取得簡報元素：

1. Google Slides > Get a Presentation。

2. Connection > 綁定帳號；Presentation ID > Presentation ID。

3. 右鍵 > Run this module only > 輸入範本 ID；需先跑一次才有數值可選。

Google Slides — Upload a Image to a Presentation 替換簡報圖片：

1. Google Slides > Get a Presentation。

2. Connection > 綁定帳號；Presentation ID > Presentation ID。

3. Values > Image Object ID: slides[1].pageElements[1].objectId；代表簡報第 1 頁第 1 個元素，逐一更新對應適合的直橫圖。

4. Image URL：data.results[1].urls.regular；用免費圖庫搜尋圖片中的第 1 張圖片的圖片網址做替換。

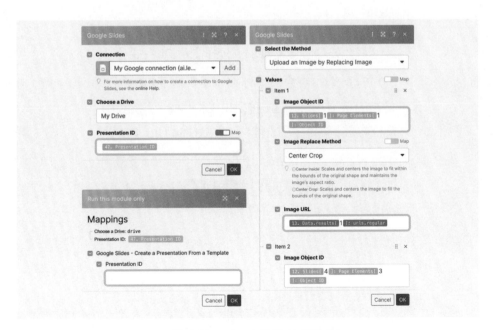

取得簡報元素 // 替換簡報圖片

課堂練習

讓產出結果更繽紛

題目

　　若想在簡報加入其他免費圖庫圖片，應如何操作？

說明

　　同為知名圖庫品牌的 Pixabay，API（pixabay.com/api/docs）有更多數值和多種尺寸可選擇，替換簡報圖片時，建議取用中間尺寸的 data.hits[1].webformatURL；其橫圖搜尋 URL 範例：https://pixabay.com/api/?key=API Key&q=data.candidates[ ].content.parts[ ].text&image_type=photo&orientation=horizontal。

▌ 表 5-3 Pixabay 搜尋圖片重要數值

數值	定義
key=**Your API Key**	你的 API Key
query=data.candidates[ ].content.parts[ ].text	搜尋關鍵字
orientation=vertical	搜尋直圖
orientation=horizontal	搜尋橫圖
order=popular	熱門圖片排序在前
order=latest	最新圖片排序在前
image_type=photo	只搜尋照片

Search Images

https://pixabay.com/api/ GET

Parameters

key (required)	*str*	Please login to see your API key here. Login | Sign up
q	*str*	A URL encoded search term. If omitted, *all images* are returned. This value may not exceed 100 characters. Example: "yellow+flower"
lang	*str*	Language code of the language to be searched in. Accepted values: cs, da, de, en, es, fr, id, it, hu, nl, no, pl, pt, ro, sk, fi, sv, tr, vi, th, bg, ru, el, ja, ko, zh Default: "en"
id	*str*	Retrieve individual images by ID.
image_type	*str*	Filter results by image type. Accepted values: "all", "photo", "illustration", "vector" Default: "all"
orientation	*str*	Whether an image is wider than it is tall, or taller than it is wide. Accepted values: "all", "horizontal", "vertical" Default: "all"
category	*str*	Filter results by category. Accepted values: backgrounds, fashion, nature, science, education, feelings, health, places, animals, industry, computer, food, sports, transportation, travel, buildings,
min_width	*int*	Minimum image width.

🌐 Choose your language: English 简体中文 More →

Pixabay 搜尋圖片 API 文件

5-3 掌握即時資訊更新

不過時的 天氣 與 匯率

本節介紹 —— 將天氣及匯率資訊更新到最新狀態，應用程式和平台包含 Tools、JSON、Abstract API、HTTP、Google Slides；讓我們的簡報永遠都在最新狀態。

建立場景的步驟如下：

1. Basic Trigger 輸入想要更新的簡報 ID。

2. 透過 Get a Presentation 取得簡報中的城市名稱。

3. Gemini 翻譯簡報中的城市名為英文，將從 Get Daily Weather Forecast 和 Array Aggregator 取得的三天氣翻譯為 JSON 格式的中文。

4. Parse a JSON 將 Gemini 輸出的資料結構化成可以分項選取的數值。

5. Abstract API 用簡報中的旅遊城市幣值和被兌換幣值自動取得最新匯率（上一節提到需要用醒目顯示顏色區分範本中的匯率相關文字的原因）。

6. 因為 Google Slides API 中沒有提供直接取代的功能，必須讓 Make an API Call 透過刪除、插入文字的方式更新元素。

參考資料及截圖來源
www.make.com
developers.google.com/slides

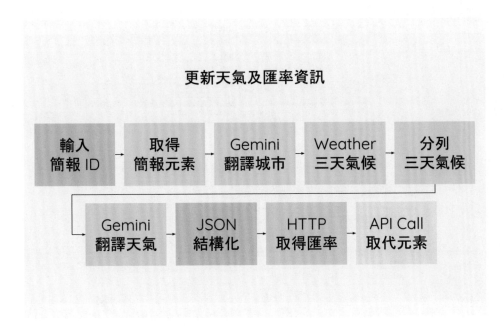

更新天氣及匯率資訊流程圖

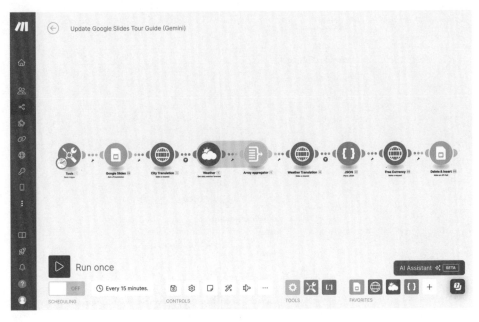

更新天氣及匯率資訊場景

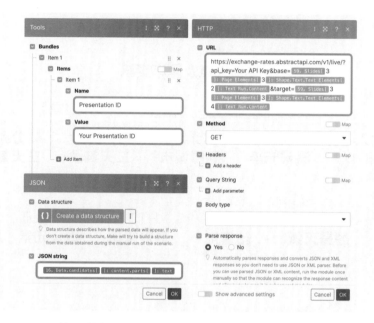

輸入簡報 ID // 資料結構化 // 取得當日匯率

Google Slides API 說明文件

Google Slides — Make an API Call 取代簡報元素：

1. Google Slides > Make an API Call。

2. Connection > 綁定帳號。

3. URL > /v1/presentations/presentation id:batch Update。

4. Method > Post。

5. Headers > Add Item。

6. Item 1 > Key: Content-Type，Value: application/json。

7. Body > 先用 deleteText 刪除元素中符合 TextRange 範圍的文字，再運用 InsertText 將文字插入，TextRange 的 Type 類型為 ALL 時，刪除所有該元素的文字（InsertText 搭配 "startIndex": 0 從起始點插入文字），類型為 FROM_START_INDEX，則刪除 startIndex 後的文字。

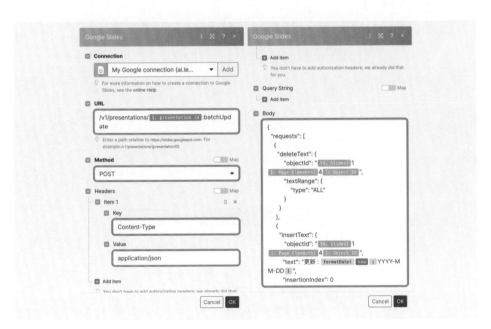

取代簡報元素

取代簡報元素 Body 數值

```
{
  "requests": [
   {
     "deleteText": {
       "objectId": "slides[ 1 ].pageElements[ 4 ].objectId",
       "textRange": {
         "type": "ALL"
       }
     }
   },
   {
     "insertText": {
       "objectId": "slides[ 1 ].pageElements[ 4 ].objectId",
       "text": " 更新 : formatDate( now ; YYYY-MM-DD )",
       "insertionIndex": 0
     }
   },
   {
     "deleteText": {
       "objectId": "slides[ 2 ].pageElements[ 4 ].objectId",
       "textRange": {
         "type": "ALL"
       }
     }
   }
```

取代簡報元素 Body 數值

```
  },
  {
    "insertText": {
      "objectId": "slides[ 2 ].pageElements[ 4 ].objectId",
      "text": "Weather Status 1 // Weather Description 1\narray[ 1
].temperature.max° — array[ 1 ].temperature.min° ",
      "insertionIndex": 0
    }
  },
  {
    "deleteText": {
      "objectId": "slides[ 2 ].pageElements[ 5 ].objectId",
      "textRange": {
        "type": "ALL"
      }
    }
  },
  {
    "insertText": {
      "objectId": "slides[ 2 ].pageElements[ 5 ].objectId",
      "text": "Weather Status 2 // Weather Description 2\narray[ 2
].temperature.max° — array[ 2 ].temperature.min° ",
      "insertionIndex": 0
    }
  }
```

取代簡報元素 Body 數值

```
    },
    {
      "deleteText": {
        "objectId": "slides[ 2 ].pageElements[ 6 ].objectId",
        "textRange": {
          "type": "ALL"
        }
      }
    {
      "insertText": {
        "objectId": "slides[ 2 ].pageElements[ 6 ].objectId",
        "text": "Weather Status 3 // Weather Description 3\narray[ 3
].temperature.max° —— array[ 3 ].temperature.min° ",
        "insertionIndex": 0
      }
    },
    {
      "deleteText": {
        "objectId": "slides[ 3 ].pageElements[ 3 ].objectId",
        "textRange": {
          "startIndex": "22",
          "type": "FROM_START_INDEX"
        }
      }
```

```
取代簡報元素 Body 數值
        },
        {
          "insertText": {
            "objectId": "slides[ 3 ].pageElements[ 3 ].objectId",
            "text": "data.exchange_rates.TWD slides[ 3 ].pageElements[ 3
].shape.text.textElements[ 4 ].textRun.content",
            "insertionIndex": "22"
          }
        }
      ],
      "writeControl": {
        "requiredRevisionId": "revisionId"
      }
    }
```

知道要更換元素及文字的排序及位置其實不容易，建議練習時先挑選簡單
的範本結構，越先加入的元素和文字排序會較前，取得文字位置方法如下：

1. Get a Presentation > 右鍵 > Run this Model Only。

2. Presentation ID > 輸入簡報 ID > Run。

3. Get a Presentation > 右上角的操作數。

4. Operation 1 > OUTPUT > Bundle 1 > Slides > Page Elements。

5. Shape > Shape Type: TEXT_BOX > Text > Text Elements > 編號 > Text
   Run > Content: 符合文字，取得 Start Index 和 End Index 數值。

課堂練習

手牽手加入自動化行列

題目

在團隊中，如何分享或備份 Make 場景？

說明

Make 場景的分享與備份：

1. 邀請團隊成員加入組織，共同編輯場景（非 Admin 及 Owner 角色，需再至 Team 設定團隊權限，才能共同維護）。

2. 透過場景下方工具列的匯出、匯入 Blueprint 進行分享和備份（未包含 Connection 帳號資料，要重新綁定）。

Make 一邀請成員加入組織：

1. Make > Organization。

2. Users > Invite a New User。

3. 輸入成員信箱及設定角色權限 > Save；Admin 的角色擁有全部權限，Member、Accountant 和 Developer 需到 Team 設權限。

4. 被邀請者收信 > Accept invitation > 登入 Make。

5. 可在左側選單最上方的 Oraganization 切換已加入的組織。

▌**表 5-4　組織成員角色權限**

組織角色權限	編刪組織	編刪成員	檢視方案	安裝程式
Owner	✔	✔	✔	✔
Admin	✘	✔	✔	✔
Account	✘	✘	✘	✔
App Developer	✘	✘	✔	✘
Member	✘	✘	✘	✘

▌**表 5-5　團隊成員角色權限**

團隊角色權限	管理成員	增編刪場景	運行停止場景
Admin	✔	✔	✔
Member	✘	✔	✔
Operator	✘	✘	✔
Monitoring	✘	✘	✘

Make 邀請成員加入組織

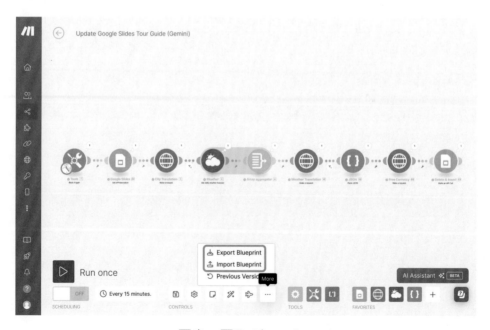

匯出、匯入 Blueprint